FORTSCHRITTE DER SOWJETISCHEN GEOLOGIE

FORTSCHRITTE DER SOWJETISCHEN GEOLOGIE

HERAUSGEGEBEN
VOM GEOTEKTONISCHEN INSTITUT
DER DEUTSCHEN AKADEMIE DER WISSENSCHAFTEN
ZU BERLIN

HEFT 1

AKADEMIE - VERLAG · BERLIN
1958

N. S. SCHATSKI und A. A. BOGDANOW

GRUNDZÜGE DES TEKTONISCHEN BAUES DER SOWJETUNION

Erläuterungen zur Tektonischen Karte
der UdSSR
und der angrenzenden Länder
im Maßstab 1:5000000

AKADEMIE-VERLAG · BERLIN
1958

Тектоническая карта СССР и сопредельных стран

в масштабе I:5000000

Объяснительная записка

Übersetzt aus dem Russischen von Dipl.-Geol. H.-J. Teschke, Berlin

Wissenschaftliche Redaktion von Dipl.-Geol. Dr. G. Möbus, Berlin

Erschienen im Akademie-Verlag GmbH, Berlin W 8, Mohrenstraße 39

Lizenz-Nr. 202 · 100/107/58

Kartengenehmigung: MdI der DDR Nr. 4120

Gesamtherstellung: Druckerei „Thomas Müntzer“ Bad Langensalza

Bestell- und Verlagsnummer: 2089/1

Preis: DM 8,50

Printed in Germany

ES 18 F 2

GELEITWORT ZUR SCHRIFTENREIHE

Das vorliegende Heft eröffnet eine neue Schriftenreihe, mit der das Geotektonische Institut der Deutschen Akademie der Wissenschaften zu Berlin beitragen will, einen engeren Kontakt zwischen der geologischen Forschung in Ost und West herzustellen. Um diese Aufgabe hat sich der leider so früh verstorbene Direktor des Geotektonischen Institutes, Professor Dr. SERGE v. BUBNOFF, seit vielen Jahren bemüht. In zahlreichen Veröffentlichungen wurden durch ihn bereits wichtige Wesenszüge des geologischen Baues der Sowjetunion bekannt. Auch den Plan zu der neuen Schriftenreihe „Fortschritte der sowjetischen Geologie" hat Prof. v. BUBNOFF mit besonderem Nachdruck gefördert.

Übersetzungen geologischer Originalarbeiten aus der Sowjetunion gibt es bisher nur in geringer Zahl und oft nur im Bereich bestimmter Spezialgebiete. Das reicht jedoch nicht aus, um einen allseitigen Überblick über die gegenwärtigen Probleme und die Fortschritte der sowjetischen Geologie zu gewinnen oder darüber hinaus fachliche Kontakte anzuknüpfen. Auf diese Notwendigkeit wurde gerade in letzter Zeit sowohl von sowjetischen als auch von Geologen aus allen Teilen Deutschlands hingewiesen.

Die „Fortschritte der sowjetischen Geologie" sollen nun den deutschen Fachgenossen eine möglichst umfassende Orientierung über die neuesten Ergebnisse der geologischen Forschung in der UdSSR erleichtern. Als Form wurde eine aperiodische Schriftenreihe gewählt. Jedes Heft ist einem Rahmenthema vorwiegend regionaler Art gewidmet und enthält eine Anzahl von Originalarbeiten, die dem deutschsprachigen Geologen grundsätzlich neue und wichtige regionale Ergebnisse vermitteln können. Nach einer gewissen Zeit wird somit ein moderner Überblick über die geologisch-tektonischen Einheiten des Gebietes der UdSSR vorliegen. In diesem Sinne bildet das vorliegende Heft, „Grundzüge des tektonischen Baues der Sowjetunion", das auf besonderen Wunsch von Prof. v. BUBNOFF erscheint, die Grundlage der Schriftenreihe. Es handelt sich um die „Erläuterungen zur Tektonischen Karte der UdSSR und der angrenzenden Länder (i. M. 1:5000000)", in der das gesamte, bisher vorliegende Untersuchungsmaterial von führenden sowjetischen Wissenschaftlern zusammengefaßt ist. Eine „Tektonische Übersichtskarte der UdSSR" liegt dem Heft bei und gibt die Möglichkeit, sich über die großtektonische Stellung bestimmter geologischer Einheiten zu orientieren, denen spätere Hefte gewidmet sind (z. B. Kaukasus, Russische Tafel, Ural u. a. Gebiete).

Als eine wertvolle Ergänzung zu diesem Heft erscheinen als Heft 2 die „Erläuterungen zur Geologischen Karte der UdSSR (i. M. 1:5000000)", die von D. W. NALIWKIN unter dem Titel „Kurzer Abriß der Geologie der Sowjetunion" herausgegeben wurden.

Neben den vorherrschenden regionalen Themen werden in einzelnen Heften auch methodische Problemstellungen behandelt, so etwa die Frage der Granitentstehung unter dem Gesichtspunkt sowjetischer Erkenntnisse, neue Ergebnisse zum Geosynklinalproblem, der Stand der absoluten Altersbestimmung in der UdSSR und andere Fragen.

Grundsätzlich werden nur solche Arbeiten ausgewählt, die regional bzw. methodisch neue Erkenntnisse vermitteln.

Das Geotektonische Institut hofft, im Sinne von Prof. v. BUBNOFF die Verständigung zwischen der geologischen Forschung in den verschiedenen Ländern zu erleichtern und damit dem Fortschritt der geologischen Wissenschaft zu dienen.

Der Herausgeber

VORWORT

Bisher gab es weder eine allgemeingültige Legende für geologische Übersichtskarten noch eine genügend ausgearbeitete Gliederung der tektonischen Formen, besonders der wichtigsten Strukturen der Erdkruste, welche auf einer topographischen Unterlage mit relativ kleinem Maßstab dargestellt werden können. Aus diesem Grunde hielten es der Verlag und die Verfasser der Tektonischen Karte der UdSSR für notwendig, eine Erläuterung dazu herauszugeben, in der die als Arbeitsgrundlage für die Legende festgelegten Prinzipien dargelegt werden. Außerdem wird eine Einführung über den tektonischen Bau der verschiedenen Gebiete der UdSSR gegeben und ihre Beziehung zu dieser oder jener Gruppe der auszuscheidenden Strukturen festgelegt.

Bei der Zusammenstellung der Tektonischen Karte der UdSSR beteiligten sich eine große Anzahl von Geologen. Einige dieser Geologen nehmen zu einer Reihe von Fragen über den tektonischen Bau unseres Landes sehr unterschiedliche Standpunkte ein, die durch die redaktionelle Bearbeitung nicht immer in Einklang zu bringen waren. In diesen Erläuterungen wurden jene wichtigsten, auch noch weiterhin umstrittenen Fragen der regionalen Tektonik der UdSSR erwähnt.

Ein Verzeichnis der an der Zusammenstellung der Karte beteiligten Geologen und ihrer Bearbeitungsgebiete wurde in einer besonderen Anlage zur Karte beigefügt. Die allgemeine redaktionelle Bearbeitung der Karte führte N. S. Schatski durch.

An der Arbeit zur Zusammenstellung und Druckvorbereitung der neuen Tektonischen Karte der UdSSR nahmen außer vielen Mitarbeitern des Geologischen Institutes der Akademie der Wissenschaften der UdSSR auch einige Geologen des Geologischen Allunions-Institutes für Wissenschaft und Forschung, der Moskauer Staatlichen Universität, des Moskauer Institutes für geologische Erkundung, des Institutes für die Geologie der Arktis und anderer Institutionen teil.

Die Hauptverfasser der Erläuterungen sind N. S. Schatski und A. A. Bogdanow. An der Zusammenstellung und der redaktionellen Bearbeitung der einzelnen Teile wirkten mit: N. A. Beljaewski, W. I. Wereschtschagin, N. S. Saizew, J. A. Kossygin, P. N. Kropotkin, M. W. Muratow, M. S. Nagibina, W. N. Ognew, E. W. Pawlowski, A. W. Peiwe, J. M. Puschtscharowski, L. I. Salop, W. N. Sobolewskaja, L. J. Charitonow, N. P. Cheraskow, J. M. Scheinman, N. A. Schtreis und A. L. Janschin. Einige Unterlagen für diese Erläuterungen wurden auch von den übrigen Verfassern der Karte zur Verfügung gestellt.

Die allgemeine redaktionelle Bearbeitung der Erläuterungen wurde von A. L. Janschin durchgeführt.

Die Verfasser

INHALTSVERZEICNIS

I. EINFÜHRUNG

Die Fläche der UdSSR beträgt mehr als 22 Mill. km² und umfaßt den östlichen Teil Europas und einen beträchtlichen Teil des nördlichen Asiens. In dem riesigen Gebiet, das durch eine große Vielfalt des geologischen Baues charakterisiert wird sind alle wichtigen Bau- und Entwicklungsprobleme der Erdkruste erfolgreich zu lösen.

Die erste strukturelle Synthese der UdSSR wurde 1933 von A. D. ARCHANGELSKI und N. S. SCHATSKI in jener bekannten Arbeit gegeben, die von vielen Wissenschaftlern bei der Analyse der Tektonik Asiens und anderer Teile der Erde weitgehend als Grundlage benutzt wurde (LEUCHS, UMBGROVE, KOBER u. a.). Im Jahre 1937 hielt A. D. ARCHANGELSKI auf dem 17. Internationalen Geologenkongreß in Moskau einen Vortrag über die Grundzüge des geologischen Baues und der geologischen Geschichte der UdSSR, in dem er die Hauptergebnisse der in den Jahren vor der Revolution und in den ersten 20 Jahren seit dem Bestehen der Sowjetmacht durchgeführten Untersuchungen darlegte. Eine vollständigere Darlegung der Geologie, insbesondere der Tektonik der UdSSR wurde in der gleichen Zeit in einer unter Leitung von A. D. ARCHANGELSKI durchgeführten großen Gemeinschaftsarbeit von der Akademie der Wissenschaften der UdSSR veröffentlicht.

In den seit dem 17. Geologenkongreß vergangenen 19 Jahren wurden in der UdSSR gewaltige geologische Arbeiten durchgeführt. Das gesamte Land wurde in verschiedenen Maßstäben geologisch aufgenommen. Mit dem besonderen Ziel der Klärung verschiedener wichtigster geologischer Fragen wurden an vielen Stellen Hunderte von Tiefbohrungen niedergebracht. Dutzende ähnlicher Bohrungen brachten Kenntnis über den geologischen Bau des Untergrundes der weiten Westsibirischen Tiefebene. Mehr als hundert Bohrungen erschlossen das präkambrische kristalline Fundament der Russischen Tafel und ermöglichten in vieler Hinsicht die Vorstellungen über ihren Bau und ihr Relief zu präzisieren. Die zusammen mit den geologischen Arbeiten angewendeten geophysikalischen Untersuchungsmethoden gaben die Möglichkeit, die Struktur vieler, von jungen Sedimenten verdeckter Räume des Landes zu klären. Die große Intensität der verschiedenartigen, auf dem Territorium der UdSSR durchgeführten geologischen Untersuchungen zwingen täglich viele Standpunkte und Folgerungen zu überprüfen. In der nach den Tagen des 17. Internationalen Geologenkongresses verflossenen Zeit wurden von sowjetischen Geologen zahlreiche theoretische Forschungen durchgeführt und die gesammelten neuen Tatsachen zur Klärung allgemeiner Fragen synthetisch ausgewertet. In den kurzen Erläuterungen ist es nicht möglich, auch nur einen flüchtigen Überblick dieser Forschungen zu geben, deren Ergebnisse für die Klärung der Tektonik unseres Landes eine wesentliche Bedeutung besitzen.

Die planmäßigen Arbeiten zum Studium der Tektonik der UdSSR, welche die Arbeitsrichtung A. D. Archangelskis und N. S. Schatskis fortsetzen, wurden und werden im Geologischen Institut der Akademie der Wissenschaften der UdSSR durchgeführt. Einige Ergebnisse dieser der Geologie und Tektonik Kasachstans, des Urals, der alpidischen Zone im Süden der UdSSR, der Russischen Tafel und Sibiriens gewidmeten Arbeiten wurden in einer Reihe umfangreicher Monographien und Einzelarbeiten veröffentlicht.

Als allgemeine Auswertung dieser Untersuchungen wurde die erste Tektonische Karte der UdSSR im Maßstab 1:4 000 000 im Jahre 1951 zusammengestellt und 1952 herausgegeben und fand in unserem Lande eine weite Verbreitung. Diese Karte stellt eine Gemeinschaftsarbeit der Mitarbeiter des Geologischen Institutes der Akademie der Wissenschaften dar, die unter Leitung von N. S. Schatski, der auch die Hauptaufgaben bei der Zusammenstellung hatte, durchgeführt wurde.

Zum 20. Internationalen Geologenkongreß 1956 wurde eine neue Tektonische Karte der UdSSR im Maßstab 1:5 000 000 herausgebracht. Trotz des etwas kleineren Maßstabes ist diese Karte detaillierter als die vorangegangene. Bei ihrer Zusammenstellung wurden sowohl neu veröffentlichte Arbeiten als auch zahlreiche unveröffentlichte Unterlagen verschiedener Institutionen verwendet, was bei der ersten Tektonischen Karte noch nicht der Fall war. Außerdem wurden in der neuen Ausgabe Intrusivkörper verschiedenen Alters und Zusammensetzung dargestellt. Die neue Legende ist im Vergleich zur alten etwas verändert und weiter ausgearbeitet. Die Grundlagen der Gliederung und Darstellung der Strukturen verschiedener Ordnung blieben jedoch die gleichen, so daß die vorliegenden Erläuterungen auch beim Lesen der ersten Ausgabe der Tektonischen Karte der UdSSR benutzt werden können.

II. DIE GRUNDLAGEN DER TEKTONISCHEN GLIEDERUNG

1. Das Alter einer Faltung

Das wesentlichste Merkmal, nach dem tektonische Einheiten ausgeschieden werden und somit eine Einteilung eines beliebigen Territoriums in natürliche geologische Gebiete durchgeführt wird, ist das Alter der Faltung. Das Alter einer Faltung wird nach der Zeit der letzten intensiven Bewegungen des Geosynklinaltyps festgelegt. Als genaueres Faltungsalter muß jedoch die Zeit der Umwandlung eines gefalteten Geosynklinalgebietes in ein Tafelgebiet angesehen werden, d. h. die Grenze zwischen dem Zeitraum der Geosynklinalentwicklung und der Tafelentwicklung der zu untersuchenden tektonischen Zone.

Heute ist genau festgestellt, daß spätestens seit dem Proterozoikum in allen Epochen und Zeitaltern in der Erdkruste Tafeln und Geosynklinalgebiete vorhanden waren. Diese tektonischen Grundeinheiten besitzen einander entgegengesetzte Eigenschaften. Die Tafeln sind widerstandsfähige, wenig bewegliche und stabile Teile der Erdkruste, während die Geosynklinalgebiete umgekehrt mobile, außerordentlich bewegliche Zonen darstellen. Jede der genannten geologischen Struktureinheiten zeichnet sich durch besondere, ihr eigene Sedimentformationen, spezifische Abfolgen magmatischer Gesteine sowie durch besondere Strukturformen und eine spezifische Metallogenese usw. aus. Deshalb stellen die Zeitpunkte der Umwandlung von Geosynklinalsystemen in Tafeln keine willkürlich gewählten Daten dar, sondern sind natürliche Einschnitte in der Erdgeschichte, Daten einer scharfen qualitativen Umwandlung des Baues beträchtlicher Abschnitte der Erdkruste. Das Prinzip, auf der Karte Gebiete mit unterschiedlichem Faltungsalter auszuscheiden, ist natürlich und korrekt, vollkommen objektiv und auch für Geologen, die unterschiedliche Meinungen zu Fragen der chronologischen Gesetzmäßigkeiten in der Entwicklung der Erdkruste vertreten, in gleichem Maße verbindlich.

Es ist hingegen noch eine andere Altersgliederung der Strukturgebiete möglich, nämlich nicht nach dem *Ende* einer Geosynklinalentwicklung, d. h. nicht nach der Zeit der Umwandlung von gefalteten Geosynklinalbildungen in Tafelgebiete, sondern umgekehrt nach den Epochen der Entstehung neuer geosynklinaler Gebiete und Systeme, also nach dem *Beginn* einer Geosynklinalentwicklung. Eine derartige Einteilung ist genauso natürlich wie die erste. Unsere Kenntnisse vom Abschluß der Geosynklinalentwicklung und die Zeit ihrer Umwandlung in Tafeln sind jedoch unvergleichlich vollständiger als unsere Vorstellungen von der Entstehung geosynklinaler Absenkungen, d. h. vom Beginn der Geosynklinalentwicklung eines bestimmten Gebietes. Deshalb muß bei einer tektonischen

Gliederung der zuerst genannten Methode gegenüber der zweiten der Vorrang gegeben werden.

Es ist nicht zu bezweifeln, daß eine moderne, alle vorhandenen Daten umfassende tektonische Gliederung auf der gesamten Geschichte der tektonischen Entwicklung der Faltensysteme von ihrer Entstehung bis zur Umwandlung in Tafeln basieren muß. Eine tektonische Gliederung nach diesem vollkommensten Prinzip kann jedoch nur in gut erforschten Faltungsgebieten durchgeführt werden. In großen und geologisch komplizierten Gebieten, wie die Fläche eines ganzen Kontinentes oder die der UdSSR läßt sich dieses Prinzip wegen der ungleichen und örtlich ungenügenden Durchforschung jedoch kaum anwenden. Infolgedessen ist es richtiger, die tektonische Gliederung der UdSSR heute nach dem Prinzip der Umwandlungszeit einzelner Geosynklinalgebiete in Tafeln durchzuführen.

Seit der Veröffentlichung der klassischen Arbeiten von M. Bertrand und E. Suess haben die Ideen vom allgemeinen und gleichzeitigen Erscheinen der Faltungen eine weite Verbreitung erfahren. In den Arbeiten H. Stilles erhielten diese Vorstellungen eine weitere und extreme Entwicklung, die sich insbesondere in der Ausarbeitung eines Kanons der Faltungsphasen, eines Kanons revolutionärer Epochen und in einer bestimmten, die gesamte Erde erfassenden Periodizität ihren Ausdruck fand.

Die strukturelle und zeitliche Analyse der Entwicklung auf dem Territorium der UdSSR zwingt, diese Anschauungen kritisch zu überprüfen. Zweifel erwecken die Ideen von der Gleichzeitigkeit und der räumlichen Gleichwertigkeit nicht nur der Faltungsphasen, sondern auch der Faltungsepochen. Es liegen Tatsachen vor, die uns zwingen, die äußerste Kurzfristigkeit und den Katastrophencharakter der Stilleschen Phasenfolge und ihre universelle Verbreitung abzulehnen. Zu diesen Folgerungen kommen nicht nur sowjetische Geologen, sondern auch eine wachsende Anzahl ausländischer Forscher.

Genauso wenig kann eine völlige Gleichzeitigkeit der großen Faltungsepochen anerkannt werden. Durch das Studium der kaledonischen, variscischen und mesozoischen Faltungen gelangt man leicht zu der Überzeugung, daß sie in den verschiedenen Gebieten unserer Erde verschiedenartig und nicht zu gleicher Zeit erfolgten. Die Dauer der Faltungsepochen, d. h. der Umwandlungsprozesse einer mobilen Zone in eine Tafel ist manchmal recht lang. Sie kann die Dauer einer geologischen Periode und mehr erreichen, ist jedoch im Vergleich zu den riesigen Zeiträumen der vorangegangenen Geosynklinalentwicklung und der folgenden Tafelentwicklung äußerst kurz und stellt in der Geschichte des gegebenen Krustenabschnittes einen wichtigen Wendepunkt dar.

Bei der Zusammenstellung der Tektonischen Karte der UdSSR wurden folgende Faltungsepochen ausgeschieden:

Die archäischen Faltungen,
die proterozoischen Faltungen,
die Baikal- oder ripheische Faltung zwischen Proterozoikum und Kambrium,
die altpaläozoische kaledonische Faltung,

die jungpaläozoische variscische Faltung[1],
die mesozoische Faltung,
die känozoische alpidische Faltung und
die känozoische Faltung des Pazifischen Gürtels.

Die Faltenstrukturen jeder der aufgezählten Epochen (besonders der alten) treten entweder unmittelbar an die Tagesoberfläche oder sind in beträchtliche Tiefen versenkt und werden von einer Folge tafeleigener Sedimente bedeckt.

2. *Die verschiedenen Faltungsepochen*

a) Die archäischen und proterozoischen Faltungen

Die nachripheische Zeit umfaßt nur einen kleinen Teil der Zeit seit dem Bestehen der Erdkruste und einen noch kleineren seit dem Bestehen der Erde als Planet. Die nachripheische Geschichte beträgt nur den fünften oder sechsten Teil der gesamten Geschichte der Sialhülle; es ist sogar sehr wahrscheinlich, daß die sogenannte praehistorische Entwicklung der Erdkruste nicht nur 4—5 mal länger als die historische ist, d. h. als die in der geologischen Chronik gut erkennbare nachripheische Entwicklungsetappe, sondern noch länger ist.

Es ist deshalb natürlich, daß die präkambrische Geschichte als eine Serie „orogener Zyklen" vom gleichen Typ wie die kaledonische, variscische und alpidische Faltung betrachtet wird. Jede dieser alten Faltungen hatte wahrscheinlich ihre Besonderheiten, die mit der Veränderlichkeit der tektonischen Prozesse und mit der Entwicklung der Erdkruste insgesamt verknüpft waren. Es ist jedoch anzunehmen, daß die jüngeren der präkambrisch gefalteten Systeme in jedem Fall die algonkischen Entwicklungsstadien durchliefen, die denen der nachripheisch gefalteten Gebiete ähnlich waren oder ihnen nahestanden. So kann man in den algonkischen und sogar in den jungarchäischen Faltungsgebieten geosynklinale Senken feststellen, die mit mächtigen sedimentären und vulkanischen Formationen erfüllt sind; man kann weiterhin Gesteinsassoziationen beobachten, die dem basischen Stamm der grünen Laven nahestehen, ferner große Diskordanzen, welche die tektonischen Großstrukturen durchsetzen sowie komplizierende große Plutone, mit denen die Bildung verschiedener Erze verknüpft ist. In diesen Faltungsgebieten sind Räume mit einer ausgedehnten postorogenen Denudation und differenzierten Hebung sowie alle für junggefaltete Gebirgssysteme charakteristischen Besonderheiten zu erkennen. Zugleich werden die präkambrischen Faltungen aber auch durch nur ihnen eigene Merkmale gekennzeichnet. Dazu gehört vor allem der hohe Grad der Metamorphose, die alle Bildungen präkambrischer Faltenzonen verändert hat und die zur Migmatisierung und Granitisierung großer Räume führte.

Eigenartig ist auch die im übrigen noch ungenügend untersuchte Morphogenese der tiefpräkambrischen tektonischen Strukturen.

---

[1] Im Originaltext wird für „variscische" Faltung stets der Ausdruck „herzynische" Faltung verwendet. Anm d. wiss. Red.

Die Tafelsedimente (Tafelformationen) der präkambrischen Perioden sind wesentlich schlechter als die Geosynklinalbildungen in den gleichaltrigen Faltensystemen erhalten. Dieser Umstand erklärt sich durch die geringe Größe der Tafeln im Altpräkambrium und dadurch, daß diese Ablagerungen gewöhnlich eine geringere Mächtigkeit besitzen und deshalb während den folgenden epirogenetischen Bewegungen der Tafelmassive von der Denudation leichter zerstört werden.

Ein Beispiel für alte proterozoische Tafelbildungen auf dem Gebiet der UdSSR ist die Jotnische Formation, die im Gegensatz zu den jüngeren Tafelformationen sehr eigenartig ist und allenthalben von ausgedehnten Granitgebieten (Rapakiwi) begleitet wird.

Wenn noch unlängst selbst in relativ gut untersuchten Gebieten, z. B. im Kanadischen und Baltischen Schild im Präkambrium (Archaikum und Proterozoikum) nicht mehr als drei „orogene Zyklen“ angenommen wurden, so werden bereits heute in diesen Gebieten nicht weniger als fünf bis sieben unterschieden. Zweifellos wird es im Zuge der weiteren Kartierung und Untersuchung der präkambrischen Bildungen gelingen, wesentlich bessere Methoden zur Altersgliederung der tektonischen Einheiten innerhalb der fossilleeren metamorphen Formationen zu entwickeln.

Die ältesten präkambrischen Faltungen werden auf unserer Karte unter der allgemeinen Bezeichnung archäisch zusammengefaßt. Das ist zweifellos ein Sammelbegriff, der eine sehr lange (Milliarden von Jahren) Periode zahlreicher und wahrscheinlich spezifischer Faltenbildungen, einzelne Epochen und Stadien umfaßt, die wir jedoch nach dem heutigen Stand unserer Kenntnisse weder durch tektonische Untersuchungen noch durch Methoden der absoluten Altersbestimmung unterscheiden können. Unter der Bezeichnung der proterozoischen Faltungen werden auf der Karte unter Vorbehalt die Kareliden, Saksaganiden und Gothiden ausgeschieden. Eine jüngere Faltung zwischen dem Ende des Proterozoikums und dem Beginn des Paläozoikums wurde unter der gesonderten Bezeichnung Baikal-Faltung abgetrennt.

b) Die Baikal- oder ripheische Faltung[1]

W. A. Obrutschew schied im Jahre 1926 in Sibirien und im nördlichen Asien intensive Dislokationen am Ende des Präkambriums aus. In diese Zeit stellte W. A. Obrutschew Bildungen alter präpaläozoischer Strukturformen am Rande des Baikal-Gebirges, insbesondere des Patom-Plateaus, desgleichen die Faltung im Ost-Sajan, im Jenissei-Horst und einige andere, weniger deutlich ausgeprägte Deformationen. Später, im Jahre 1935, wurden diese Dislokationen von ihm eingehender beschrieben, aber im gleichen Umfang und in der gleichen Bedeutung wie auch früher, und zwar nur als Dislokationen und Bewegungen des festgelegten Alters.

[1] Die Baikal- oder ripheische Faltung entspricht der assyntischen Faltung Stilles (siehe Text). Anm. d. wiss. Red.

Auf Vorschlag N. S. SCHATSKIS wurde die Faltung zwischen dem Ende des Proterozoikums und dem Anfang des Kambriums Baikal-Faltung genannt. Der gleiche Forscher zeigte erstmalig, daß sich die Baikal-Faltung in ihrer Form in nichts von der durch E. SUESS und M. BERTRAND ausgeschiedenen kaledonischen, variscischen und alpidischen Faltung unterscheidet. In der baikalischen Epoche erfolgten genauso wie in den anschließenden Epochen nicht nur gewaltige orogenetische Bewegungen, sondern es wandelten sich ausgedehnte gefaltete Geosynklinalsysteme in Tafelgebiete um, d. h. sie gelangten unter neue geotektonische Entwicklungsbedingungen.

So erfolgten z. B. auf der Sibirischen Tafel in dieser Periode wesentliche strukturelle Veränderungen. Ihr Fundament besteht aus verschiedenaltrigen Elementen, und zwar aus den beiden archäischen (?) Granitgneisschollen, der Nordsibirischen (Anabar-Scholle nach SCHATSKI) und der Aldan-Scholle sowie aus viel jüngeren Faltenstrukturen, die am Ende des Präkambriums entstanden und welche die genannten archäischen Massive zerteilen und umgeben. Die Bildungsepoche der alten Schollen stellen wir an die Wende Archaikum/Proterozoikum, die die Sibirische Tafel zu einem Ganzen verschweißende und ein einheitliches Massiv schaffende Faltung jedoch in das jüngste Proterozoikum bzw. in die erste Hälfte des Kambriums (Baikal-Faltung). Die Gesteine der archäischen Schollen treten im Anabar-Massiv und im Aldan-Becken an die Oberfläche, während die Gesteine der baikalisch gefalteten Strukturen im Baikalgebiet, im westlichen Transbaikalien, im Olekma-Becken, im östlichen Teil des Ost-Sajans und im Jenissei-Gebirge ausstreichen (SCHATSKI 1932).

Im europäischen Teil der UdSSR gehören wahrscheinlich die Timaniden (Timan, Kanin, Fischer-Halbinsel, Kildin) zur Baikal-Faltung. Gleichaltrig mit ihnen sind offensichtlich die Hauptdeformationen des gefalteten Untergrundes der Petschora-Syneklise. In der gleichen Bedeutung übernahm A. N. MASAROWITSCH die Baikal-Faltung, wobei er die Zeit ihres Auftretens an der Grenze zwischen Proterozoikum und Kambrium scharf einengte. Unlängst führte N. S. SCHATSKI ein indirektes Argument für das Auftreten einer intensiven Baikal-Faltung an der Peripherie der Russischen Tafel an. Es ist bekannt, daß jeder Hauptfaltungsepoche auf der Russischen Tafel eine große regionale Sedimentationslücke entspricht, die sofort nach der Faltungsepoche begann. So entspricht der kaledonischen Faltung auf der Tafel ein allgemeines Fehlen des Unterdevons und wahrscheinlich im größten Teil des Gebietes des unteren Mitteldevons. Die variscische Faltung spiegelt sich auf der Tafel in einer die obere Trias und den unteren Lias umfassenden stratigraphischen Lücke wider. Der alpidischen Epoche entspricht ebenfalls eine allgemeine Hebung der Russischen Tafel. In dieser Kette allgemeiner großer Lücken kann das Fehlen des mittleren und oberen Kambriums auf der Russischen Tafel am leichtesten durch die Baikal- (ripheische oder unterkambrische) Faltung erklärt werden, während der wahrscheinlich die Deformationen des Timans und der angrenzenden Zonen entstanden. Daraus ergibt sich aber die Frage, ob nicht mit den gleichen tektonischen Erscheinungen auch das

Fehlen oder die Reduzierung des mittleren Kambriums in den meisten Profilen der Sibirischen Tafel verknüpft ist.

Hierzu muß bemerkt werden, daß für die letzte präkambrische Faltung, die unmittelbar vor dem Kambrium, d. h. nach dem oberen Algonkium erfolgte, H. Stille im Jahre 1944 die Bezeichnung „assyntisch" vorschlug. Eingehender wurde diese orogenetische Epoche 1948 von ihm beschrieben. Jedoch dürfen die von H. Stille vorgeschlagenen Termini „assyntische Faltung" und „assyntische Epoche" nicht nur und nicht ausschließlich aus Gründen der Priorität für die Bezeichnung „Baikal-Faltung" übernommen werden, da sie geologisch nicht sicher begründet sind. In der Umgebung des Sees Assynt in Schottland liegen die unterkambrischen Sandsteine ruhig, aber transgressiv auf den Torridon-Sandsteinen oder -Arkosen und greifen örtlich unmittelbar auf die Lewisischen Gneise über. Das Unterkambrium und andere altpaläozoische Ablagerungen des Gebiets von Assynt stellen eine typische Tafelformation dar. Das Alter der Torridon-Arkosen ist zwar nicht genau bestimmt, wahrscheinlich entsprechen sie aber den jotnischen Bildungen des Baltischen Schildes. Wenn nun die Korrelation des Torridon-Sandsteins mit dem Jotnium richtig ist, dann ist die Amplituon der Diskordanz zwischen ihm und den kambrischen Ablagerungen in einem gegebenen Punkt sehr groß und kann der gesamten ripheischen Ära (Sparagmit) entsprechen. Das Alter (stratigraphische Stellung dieser Diskordanz) ist somit unbestimmt, sie kann am Beginn der ripheischen Ära (oberes Algonkium), in der Mitte oder unmittelbar vor dem Beginn des Kambriums entstanden sein.

c) Die paläozoischen Faltungen

Zu den paläozoischen Faltungen werden gewöhnlich die kaledonische und die variscische Faltung gerechnet. Richtiger ist es jedoch, von einem kaledonischen und einem variscischen Faltungskomplex zu sprechen. Es häufen sich immer mehr die Anzeichen dafür, daß im Altpaläozoikum außer den Faltungsepochen im Ordovizium und Silur auch andere vorhanden waren, z. B. eine im Oberkambrium, die allerdings nicht ganz glücklich als „Salair-Faltung" bezeichnet wird. Es ist wenig zweckmäßig, diese Bezeichnung weiter zu verwenden, denn der Salair wurde als Faltungsstruktur durch jüngere Bewegungen als die kaledonischen, vielleicht sogar durch jüngere als die altvariscischen geschaffen. Die „Salair"-Epoche sollte besser als Ost-Tuwa- oder als Ost-Sajan-Epoche nach den Gebieten bezeichnet werden, in denen oberkambrische Dislokationen besonders deutlich sind.

Genau so kann man in den Varisciden mindestens zwei verschiedene Faltungsepochen unterscheiden. In dem langen Uralsystem vollzog sich im Oberkarbon eine intensive Faltung, die über das ganze Perm wirksam war und zu Beginn der Trias ausklang. In dem ebenfalls weit verbreiteten variscischen System in West- und Mitteleuropa sind die jüngsten Deformationen nicht jünger als unterpermisch, meist sogar nicht jünger als oberkarbonisch.

Somit sehen wir, daß sich im Altpaläozoikum und am Ende dieser Ära orogenetische Prozesse über einen beträchtlichen Zeitraum hinweg erstreckten, manchmal über anderthalb Perioden und dabei in den verschiedenen Faltungssystemen nicht gleichzeitig wirksam waren. Jedoch haben alle altpaläozoischen Faltungen so viele gemeinsame Züge und unterscheiden sich von den sogar untereinander ähnlichen jungpaläozoischen Faltungen so sehr, daß man sie nicht nur unterscheiden, sondern sogar in verschiedener Hinsicht einander gegenüberstellen kann.

In Verbindung damit wurden auf der Tektonischen Karte zwei paläozoische Faltungskomplexe ausgeschieden: ein älterer, altpaläozoischer mit der Bezeichnung kaledonisch, und ein jüngerer, jungpaläozoischer mit der Bezeichnung variscisch. Eine detailliertere Altersgliederung der paläozoischen Faltungen auf dem Territorium der UdSSR und der angrenzenden Länder kann heute wegen des Fehlens hinreichend genauer Angaben über das Alter der orogenen Prozesse für eine Reihe großer Gebiete noch nicht durchgeführt werden.

Somit werden auf der Karte alle altpaläozoischen Faltungen (außer der Baikal-Faltung) mit der Farbe der Kaledoniden, alle jungpaläozoischen mit der Farbe der Varisciden bezeichnet. Außerdem wurden auf der Karte mit der gleichen Farbe wie die Kaledoniden die Zonen der „frühen Konsolidierung“ im Innern der variscischen Faltungsgebiete dargestellt, d. h. jene Gebiete, welche sich im Jungpaläozoikum als alte kaledonische Zonen verhielten.

Es muß bemerkt werden, daß auf dem Territorium der UdSSR und in den meisten anderen Gebieten der Erde die Kaledoniden und Varisciden eng miteinander verknüpft sind. Die erste kann als beginnende, vorbereitende Faltung der zweiten betrachtet werden. Eine enge Abhängigkeit zwischen diesen Faltungen äußert sich in der tektonischen Entwicklung solcher Faltungszonen wie der Ural, in denen die variscische tektonische Morphogenese die unmittelbare Fortsetzung der kaledonischen darstellt. Vielleicht kann die gezeigte Abhängigkeit zwischen den Kaledoniden und Varisciden auch den Umstand erklären, daß bei den Kaledoniden Randsenken fehlen, die bei den Varisciden weitgehend entwickelt sind. Mit anderen Worten: *Die Kaledoniden zeichnen sich durch eine nicht abgeschlossene Faltung und durch eine scharfe Reduzierung des postgeosynklinalen Entwicklungsstadiums aus. Umgekehrt sind in den Varisciden die Endstadien der Entwicklung der Faltenzonen sehr scharf ausgebildet. Zu diesen Endstadien gehören z. B. die Bildungen typischer Saumsenken.*

d) Die mesozoische Faltung

Die Mehrzahl der westeuropäischen und einige sowjetische Geologen erkennen die selbständige Bedeutung einer mesozoischen Faltung, d. h. einer den oberen Jura und die Kreide umfassenden orogenen Epoche nicht an. Sie halten sie lediglich für eine Phase der alpidischen Orogenese oder für eine spezifische Äußerung der Alpiden. Andererseits zählen die chinesischen, ebenso wie die Mehrzahl der sowjetischen und einige westeuropäische Geologen das mesozoische Faltungsgebiet zu den selbständigen und wichtigen Faltenzonen, die der variscischen Zone in bezug auf die Intensität des Magmatismus und die Äußerung der Metallogenese gleichwertig gegenüberstehen.

Es ist heute nicht mehr notwendig, eingehend das Vorhandensein der Mesozoiden in der UdSSR zu behandeln. Wir weisen nur darauf hin, daß außer dem Alter der Intrusionen im mesozoischen Faltengürtel im Osten der UdSSR für die Selbständigkeit dieser Faltung folgende Tatsache spricht: das mesozoische Faltungsgebiet wird im Osten der Sibirischen Tafel von einer typischen Randsenke (Werchojansker Randsenke) getrennt, deren Bildung mit der Sedimentation kontinentaler oberkretazischer Molassen endete. Es ist weiter daran zu erinnern, daß auf der gegenüberliegenden Seite des mesozoischen Faltengürtels auf dem amerikanischen Kontinent (Mackenzie-Becken, Arktisches Gebirge u. a.) eine entsprechende Randsenke mit dem gleichen Alter bekannt ist, die ebenfalls mit typischen Randsenkenbildungen, z. T. mit erdölführenden Molassen gefüllt ist.

Die oben angeführten Meinungsverschiedenheiten der europäischen Geologen mit den sowjetischen, amerikanischen und chinesischen erklären sich u. a. dadurch, daß nicht alle Faltungsgebiete eine weltweite Verbreitung haben. So sind insbesondere die Mesozoiden als selbständige und deutlich ausgebildete Faltungszone für den pazifischen Gürtel charakteristisch, während sie in der westlichen Hälfte Eurasiens, im Atlantik und im östlichen Teil Nord- und Südamerikas fehlen.

e) Die känozoischen Faltungen

Auf der Tektonischen Karte wurden zwei känozoisch gefaltete Gebiete ausgeschieden, die sich durch ein unterschiedliches Alter auszeichnen. Das erste der beiden ist die alpidische Faltung der Mittelmeerzone, und wird von uns in der üblichen Bedeutung als Faltungsgebiet verstanden, dessen Geosynklinalentwicklung unmittelbar nach der variscischen Orogenese begann und am Ende des Tertiärs bzw. im Quartär endete. Die Untersuchungen der quartären Ablagerungen der Vorberge und Terrassen im Kaukasus und im Himalaja führen zu dem Schluß, daß die erwähnten alpidischen Strukturen sich im Endstadium der Molassebildung der Saumsenken befinden.

Ein jüngeres Alter besitzt die känozoische Faltung der pazifischen Zone im fernöstlichen Gebiet der UdSSR. Auf Kamtschatka und den Kurilen entspricht sie offensichtlich einem Stadium der Sedimentation mächtiger vulkanogen-sedimentärer Formationen. Es muß jedoch damit gerechnet werden, daß sie noch nicht das Molassestadium der Saumsenken erreicht hat, denn nach der strukturellen Stellung und der großen Anzahl submariner Vulkane können die Tiefseesenken der Inselbögen kaum mit den Saumsenken verglichen werden. Somit handelt es sich um eine noch nicht abgeschlossene Faltung.

3. Die räumliche Verteilung der Faltungsgebiete

Die Verteilung der verschiedenaltrigen Faltungsgebiete im westlichen Teil Eurasiens unterscheidet sich wesentlich von der Verteilung im Osten, im Gebiet der pazifischen Zone. Im westlichen Eurasien, d. h. im zirkumatlantischen Teil der Erde, sind die variscischen Strukturen sehr weit verbreitet. In Europa, im westlichen Asien und im östlichen Amerika sind sie von allen postproterozoischen Faltungsstrukturen am häufigsten und sind am reichsten an Granitintrusionen.

Wie wir bereits zeigten, stellen die Kaledoniden lediglich eine beginnende, vorbereitende Faltungsetappe der Varisciden dar. Eine wesentlich geringere Fläche nimmt dagegen die alpidische Faltung ein, die als regeneriertes Geosynklinalgebiet im Raum der variscischen Bildungen entstand. Das alpidische Faltungsgebiet in Europa und im westlichen Asien ist somit gleichsam eine geosynklinale Restzone in der allgemeinen tektonischen Entwicklung dieses Erdteiles.

Völlig anders ist die Geschichte und die Struktur des in das Gebiet der UdSSR hineinreichenden nordwestlichen Teils des pazifischen Gürtels. Während die Faltungen in Europa und im westlichen Asien die alten Tafeln vergrößerten, umschließt der pazifische Gürtel mit seinen Strukturen die ozeanischen Tiefseesenken. Die Geschichte dieses Raumes ist erst seit dem Ende desPaläozoikums gut bekannt. Sie trennt sich scharf von der Geschichte des atlantischen Gebietes durch das unterschiedliche Alter der Faltenstrukturen. Hier zeichnet sich die mesozoische Faltung durch die Ausbildung von Saumsenken und einer Fülle von erzführenden Graniten aus, die in der atlantischen Hemisphäre fehlen. Hier entstand auch eine sehr junge känozoische Faltenzone, die in der Gegenwart ihre Entwicklung noch nicht abgeschlossen hat und ein „lebendes" Geosynklinalgebiet darstellt. In ihren Randsenken bilden sich heutigentags mächtige vulkanisch-sedimentäre Formationen. Somit unterscheidet sich die Faltung des pazifischen Gürtels in ihrer gesamten Entwicklungsgeschichte scharf von der Faltung in Europa und im westlichen Asien. Das ist ein Ausdruck jener Asymmetrien in der Entwicklung unserer Erde, auf die schon mehrmals W. I. Wernadski die Aufmerksamkeit gelenkt hat.

III. DIE LEGENDE ZUR TEKTONISCHEN KARTE

Wie aus dem Dargelegten hervorgeht, wurde der Legende zur Tektonischen Karte das Faltungsalter zugrunde gelegt: die archäischen und proterozoischen Faltungen wurden in roter Tönung gehalten, die Baikal-Faltung in orange, die Kaledoniden in violetter, die Varisciden in brauner, die Mesozoiden nach ihrer verschiedenen strukturellen Stellung in grüner und blauer Farbe, die Alpiden und die känozoische Faltung des Pazifischen Gürtels in zwei verschiedenen gelben Farbtönen.

Die Strukturformen der Faltungs- und Tafelgebiete werden sowohl durch verschiedene Schraffuren in der Farbe des Faltungsalters als auch durch besondere Zeichen ausgeschieden. Betrachten wir sie etwas eingehender.

1. Die Strukturstockwerke in Tafelgebieten

Die Tafeln stellen stets Bildungen dar, die in den Räumen früherer Geosynklinalen entstanden. Deshalb ist einer der charakteristischen Züge in einem Tafelprofil das Auftreten von zwei Strukturstockwerken: das gefaltete **Fundament** und die **Tafeldecke.** Das untere Stockwerk (Fundament) wird aus sedimentären und vulkanogenen Formationen aufgebaut und ist mit Intrusionen durchsetzt. Die Gesteine sind gefaltet und metamorphosiert. Die Bildungszeit der das Fundament aufbauenden Gesteine gehört einem dem Tafelstadium vorausgehenden geosynklinalen Entwicklungsstadium an. Das obere Stockwerk (Tafeldecke) wird aus Formationen des Tafeltyps zusammengesetzt, unter denen die Sedimentgesteine stark vorherrschen. Die magmatischen Bildungen spielen an seinem Aufbau gewöhnlich nur eine untergeordnete Rolle, und wenn sie entwickelt sind, dann nur als Gesteinstypen, die sich von den magmatischen Gesteinen der Geosynklinalgebiete unterscheiden (alkalische Intrusionen, basaltische Ergüsse usw.). Die Gesteine der Sedimentdecke sind in der Regel nicht metamorphosiert, werden aber durch Dislokationen vom Tafeltyp durchsetzt. Die Tafeldecke ist gewöhnlich vom Fundament durch große regionale Diskordanzen getrennt.

2. Die Strukturstufen der Geosynklinalgebiete

Die Geosynklinalgebiete zeichnen sich im Laufe ihrer langen Geschichte im allgemeinen durch eine vorgezeichnete Entwicklung aus. Deshalb fehlen in ihren Profilen derartig scharf voneinander unterschiedene Strukturstockwerke wie das Fundament und die Tafeldecke. Trotzdem kann man bei einer Analyse des Baues und der Entwicklungsgeschichte geosynklinaler Systeme und Gebiete deutlich eine Reihe von **Strukturstufen** unterscheiden, von denen jede einer bestimmten Entwicklungsetappe des Geosynklinalgebietes entspricht und sich aus einer Formationsgruppe zusammensetzt, die vom Hangenden und Liegenden oft durch regionale Diskordanzen getrennt wird. Gewöhnlich herrschen in den tieferen (unteren) Strukturstufen vulkanogen-sedimentäre Formationen (Spilit-Keratophyr u. a.) vor, die einem frühen Stadium der Geosynklinalentwicklung entsprechen. In den mittleren Strukturstufen sind oft karbonatische, schieferige und Grauwackenformationen verbreitet, in die häufig Granitmassive eingedrungen sind. In den oberen Strukturstufen sind die Formationen des Flysches, der Molasse, paralischer Kohlenbecken und einige andere verbreitet.

Die oberen Strukturstufen bilden sich in einzelnen Senkungsgebieten und schließen die Entwicklungsetappen des Geosynklinalsystems ab. Das geschah zu einer Zeit, in der die früher vorherrschenden Senkungsbewegungen von Hebungsbewegungen abgelöst werden und sich an ihrer Stelle das Gebirge zu bilden beginnt.

3. Die tektonische Bedeutung der Intrusivkörper

Große Bedeutung innerhalb der Faltungsräume besitzen die Intrusivkörper. Sie bilden oft sehr große Massive und nehmen immer eine vollkommen definierte strukturelle Stellung ein. Auf tektonischen Karten sind die Intrusivkörper gewöhnlich nicht angegeben. Unter Berücksichtigung der großen theoretischen und praktischen Bedeutung einer gemeinsamen Darstellung der tektonischen Strukturen und der Intrusivkörper wurde von uns jedoch der Versuch gemacht, sie auf der neuen Tektonischen Karte der UdSSR erscheinen zu lassen.

Der Magmatismus in den Geosynklinalgebieten ist außerordentlich vielfältig und noch vollkommen ungenügend untersucht, um allgemeine Folgerungen über die Aufeinanderfolge der in ihrer Zusammensetzung so unterschiedlichen Intrusiv-

und Effusivgesteine zu ziehen. Es herrscht die beim Studium einer Reihe von Geosynklinalen entstandene Auffassung vor, daß den aktiven Senkungsstadien die Bildung ultrabasischer und gabbroider Intrusionen sowie deren saurer Derivate (Natron- und gelegentlich Kaligranitoide) entspricht, die wahrscheinlich paragenetisch mit der effusiven Spilit-Keratophyr-Formation verknüpft sind. Den abschließenden Entwicklungsstadien von Faltensystemen entspricht nach dieser Meinung die Intrusion von Graniten und der mit ihnen verknüpften Gesteine, den postgeosynklinalen und Tafelstadien dagegen die Intrusion ultraalkalischer Magmen. Das auf dem Gebiet der UdSSR gesammelte umfangreiche Material zeigt jedoch, daß eine derartige magmatische Abfolge nur für einige Typen geosynklinaler Senken charakteristisch ist.

In einer Reihe von Fällen haben selbst benachbarte Senken eines einheitlichen Geosynklinalsystems einen vollkommen anderen Gang der magmatischen Entwicklung. So sind z. B. in der uralischen Geosynklinalsenke von Tagil hyperbasitische, gabbroide und plagiogranitische[1] Massive bei völligem Fehlen normaler Granite weit verbreitet. Nephelinsyenite erscheinen hier als Derivate eines basischen Magmas und stellen nicht etwa die für das Tafelstadium charakteristischen sogenannten postorogenen Intrusionen dar. Gleichzeitig sind aber in dem benachbarten Ural-Tobol-Hebungsgebiet zusammen mit den Hyperbasit- und Gabbromassiven gerade große Massive normaler Granite ausgezeichnet vertreten. Schließlich sind in der Salair-Geosynklinalsenke und ebenfalls im Ural nur Massive von Hyperbasiten und kleinere, mit ihnen zusammenhängende Gabbrokörper bekannt. Andererseits sind in den weiten Räumen des Werchojansker Geosynklinalgebietes Granite und Granodiorite verbreitet, wogegen Hyperbasite und Gabbros vollkommen fehlen.

Außerdem ist unbedingt mit der Entstehung pseudomagmatischer Körper verschiedenartiger Form in Verbindung mit Prozessen der Metamorphose und der Metasomatose sedimentärer und vulkanischer Schichtenfolgen zu rechnen, wobei einzelne Teile das Aussehen von „Massiven“ ultrabasischer, basischer und saurer Zusammensetzung annehmen können. Analoge Neubildungen werden eine besonders weite Verbreitung in präkambrischen, stark metamorphosierten Komplexen erlangen.

Bei der Darstellung von Intrusionen auf tektonischen Karten taucht eine Reihe komplizierter Fragen auf, deren befriedigende Lösung nicht immer möglich ist. Die Hauptschwierigkeit besteht in der Bestimmung der tektonischen Stellung der Intrusivkörper, d. h. in der Festlegung ihrer Formen (Batholit, Lakkolith, Stock usw.) sowie ihre Verknüpfung mit jenen tektonischen Prozessen, welche die zugehörige Faltenstruktur schufen. Hätte man für jedes Intrusivmassiv diese Angaben, dann könnten sie auf der Karte für einen Ausschnitt dargestellt werden, der unter der Oberfläche in einer gewissen Tiefe — und somit außerhalb des

[1] Plagiogranit = nach dem Geologischen Wörterbuch (Moskau 1955) ein Plagioklasgranit, der aus saurem Plagioklas, Quarz und einer gewissen Menge dunkler Minerale (Biotit und Amphibol) besteht, jedoch keinen Kalifeldspat, auch nicht als Beimengung enthält. Anm. d. wiss. Red.

Einflusses durch das Relief — liegt und dadurch wahrheitsgetreuer die Gestalt des Plutons wiedergibt. Bei einer solchen Darstellung der Intrusivkörper hätte eine tektonische Karte um ein Vielfaches gewonnen.

Die dafür notwendigen Untersuchungen sind jedoch noch nicht mit genügender Vollständigkeit und Objektivität für all die mannigfaltigen Intrusivkörper der verschiedenen Faltenzonen unseres Landes durchgeführt worden. Deshalb erscheinen die Intrusionen auf der vorliegenden Tektonischen Karte ebenso wie auf der Geologischen Karte der UdSSR im Maßstab 1:5 000 000 mit den Grenzen des heutigen Erosionsanschnittes ohne Ausscheidung der verschiedenen strukturellen und genetischen Plutontypen, jedoch mit ihrer Unterscheidung nach der petrographischen Zusammensetzung in Hyperbasit- und Gabbromassive, Granit- und Granodioritmassive sowie Massive von Alkaligesteinen. Eine Vorstellung von der Bildungsfolge der Intrusionen gibt ihre Stellung in den verschiedenen Strukturstufen der Geosynklinalgebiete. Außerdem ist für die Mehrzahl der Intrusionen das Alter durch eine Ziffer neben dem die Zusammensetzung bezeichnenden griechischen Buchstaben angegeben[1].

Die Gliederung der Intrusionen nach Alter und Zusammensetzung wurde für alle Faltungsetappen durchgeführt, mit Ausnahme der archäischen, für die eine derartige Gliederung heute noch nicht möglich ist. Diese Ausscheidung konnte ebenfalls nicht für alte Bildungen durchgeführt werden, welche die Kerne von Antiklinorien in den Gebieten paläozoischer und späterer Faltungen aufbauen.

Eine Sonderstellung nehmen die Trapp-Intrusionen am Rande der Tunguska-Syneklise der Sibirischen Tafel ein. Diese Schichtkörper zeichnen sich durch besondere Eigenart aus. Sie sind einerseits mit Gängen und zentralen Förderschloten, andererseits aber mit Effusivbildungen verknüpft. Die äußerste Kompliziertheit dieser magmatischen Formation zwang in dieser Ausgabe der Tektonischen Karte der UdSSR, sich auf die Darstellung von Häufungszonen mit Trappzusammensetzung zu beschränken, was die wichtigsten Gesetzmäßigkeiten ihrer Verteilung zum Ausdruck bringt.

4. Die Strukturelemente der Faltungsgebiete und Tafeln

Innerhalb der Faltungsgebiete sind die Hauptstrukturelemente die Antiklinorien und Synklinorien, die sich häufig in Antiklinal- und Synklinalzonen gruppieren. In einer Reihe gut untersuchter Gebiete wurde festgestellt, daß sich Synklinorien auf dem Gebiet ehemaliger Senkungen und Antiklinorien auf dem Gebiet geoantiklinaler Hebungen bilden.

Unter **Antiklinorien** verstehen wir relativ große und kompliziert aufgebaute Faltenbildungen, die in ihren Kernen von Gesteinen der unteren geosynklinalen Strukturstufe aufgebaut werden und sich gewöhnlich durch die lange Dauer der

---

[1] Zum Beispiel: Der griechische Buchstabe γ kennzeichnet granitische Gesteine. Besitzen diese kaledonisches Alter, so erhalten sie die Indexzahl 5 (γ_5), solche frühvariscischen Alters haben die Bezeichnung γ_6 und für spätvariscische Granite steht γ_7. Ein anderes Beispiel: Ultrabasische Intrusiva aus mesozoisch gefalteten Gebieten werden durch σ_5 charakterisiert. Anm. d. wiss. Red.

im allgemeinen vorgezeichneten Entwicklung auszeichnen. Unter **Synklinorien** werden große und kompliziert aufgebaute synklinale Senkungsgebiete verstanden, die von gefalteten Gesteinen der oberen geosynklinalen Strukturstufe erfüllt sind.

Im Innern einiger Geosynklinalgebiete (alpidische Zone der Türkei, mesozoische Zone Nordostsibiriens u. a.) werden „starre“ Massive einer älteren Faltung ausgeschieden. Entweder fehlen im Bereich dieser Massive Ablagerungen, die mit den Geosynklinalformationen der umgebenden Räume gleichaltrig sind, oder sie werden von einer relativ geringmächtigen Decke schwach dislozierter Gesteine vertreten. Häufig passen sich die Faltenstrukturen des Geosynklinalgebietes den Konturen derartiger alter Massive an, umfließen sie gleichsam und bilden an ihren Ecken Virgationen oder andere Formen. Dabei braucht das Streichen der Strukturen des Geosynklinalgebietes den älteren Strukturen im Innern des „starren“ Massives nicht parallel zu verlaufen.

Die zu einem gegebenen Geosynklinalgebiet relativ alten Massive (Kolyma-Massiv, Galatsker Massiv u. a.) sind auch unter der Bezeichnung **Innenmassive** bekannt.

Ihre Herkunft ist offensichtlich verschieden. Ähnliche Massive im westlichen Zentralkasachstan (Koktschetau-Massiv, Ulutau-Massiv) hielt A. D. Archangelski mit Recht für früh konsolidierte Gebiete eines ehemals einheitlichen paläozoischen Geosynklinalgebietes. Ein spezifischer Zug dieser Massive ist die Tatsache, daß ihre westliche Begrenzung deutlich und scharf ausgebildet ist, während umgekehrt die östliche sehr unbestimmt ist. Im Osten sind die Massive sozusagen „nicht umhüllt“. Innerhalb ihrer Grenzen treten Einsenkungen mit einer jungpaläozoischen Geosynklinalserie auf, deren Charakter sich hier allmählich ändert. Infolge dieser Beziehungen kann die Ostgrenze der „Zone der alten Konsolidierung“ in Zentralkasachstan nur mit großem Vorbehalt gezogen werden. Andere Innenmassive stellen wahrscheinlich Schollen mit alter, vorangegangener Faltung dar, die von überprägten Bewegungen und von einem Magmatismus der folgenden Faltung nicht betroffen wurden. Zu solchen Massiven gehören wahrscheinlich das Kola- und das Galatsker Massiv.

Innerhalb der Geosynklinalgebiete werden ebenfalls Senken ausgeschieden, die am häufigsten mit Molasse oder ihr nahestehenden Formationen (manchmal sogar mit Salinar) angefüllt sind. Diese **Innensenken** bildeten sich in der Schlußetappe der Entwicklung eines Geosynklinalgebietes. Die sie erfüllenden Gesteine bilden gewöhnlich flache Brachyfalten. Von den hier auftretenden Intrusivkörpern sind in der Regel nur Gänge basischer Gesteine und in seltenen Fällen kleinere granitische Körper vorhanden. An den Rändern der Senken sind häufig vulkanische Decken verbreitet, deren Eruption an Spalten in der Erdkruste gebunden ist.

Die nach dem Charakter der ausfüllenden Gesteine den Geosynklinalsenken verwandten Innensenken haben sich in beträchtlichen Räumen Zentralasiens und seiner Randgebiete im Mesozoikum und Känozoikum auf wesentlich älterem, altpaläozoisch und sogar vorpaläozoisch gefaltetem Untergrund in Verbindung mit dem Auftreten jüngster orogener Bewegungen entwickelt.

Innerhalb der Tafelgebiete mit paläozoisch oder noch älter gefaltetem Fundament werden tektonische Strukturen verschiedener Ordnung ausgeschieden.

Zu Tafelstrukturen erster Ordnung gehören Schilde und Platten, Anteklisen und Syneklisen. **Schilde** stellen Ausbisse des Fundamentes dar und sind im Verlauf eines großen Teils der Tafelentwicklung Erosionsgebiet (Baltischer Schild, Aldan-Schild). **Platten** sind umgekehrt Gebiete mit einer langandauernden Absenkung und Anhäufung mächtiger sedimentärer Schichtenfolgen. Schilde und Platten stellen isolierte Strukturformen der Erdkruste dar, die voneinander durch deutlich ausgebildete flexurartige Verbiegungen getrennt sind. Durch derartige Flexuren und Bildungen vom Typ der „Wälle" werden Platten mit verschiedenem Senkungsgrad voneinander getrennt. Räume mit ausstreichendem Präkambrium, die nach ihrer Entwicklung keine Schilde sind, werden als **Massive** bezeichnet (Anabar-Massiv).

Syneklisen sind Senken der Fundamentoberfläche mit einer langandauernden Entwicklung. Sie werden von einer Tafeldecke ausgefüllt, die eine Mächtigkeit von 3—4 km, örtlich bis 7—8 km (Wiljui-Synekhse) und sogar über 10 km (Prikaspi-Syneklise) erreichen kann. Als **Anteklisen** werden Hebungsgebiete bezeichnet, die im wesentlichen Reststrukturformen zwischen den Syneklisen darstellen; sie werden im allgemeinen von einer relativ geringmächtigen Tafeldecke überlagert.

Die äußere Form und die wichtigsten Besonderheiten des Baues der aufgezählten Strukturelemente werden durch die Angaben der Form und der Lagerungstiefe der Fundamentoberfläche wiedergegeben. Im Bereich der UdSSR können diese Angaben mit unterschiedlichem Sicherheitsgrad für verschiedene Tafeln verallgemeinert werden. Für die Russische Tafel liegt außer für den am tiefsten eingebogenen Südost- und Südwestteil genügend Material für eine Darstellung des Reliefs der Fundamentoberfläche durch Isohypsen vor. Im Bereich der Westsibirischen Platte kann die Fundamentoberfläche durch Isohypsen nur hypothetisch dargestellt werden. Im Gebiet der Turan-Platte fehlen ausreichende Unterlagen für die Rekonstruktion der Tiefe des paläozoisch gefalteten Untergrundes. Die Struktur der Sibirischen Tafel kann nur mit Hilfe einer Mächtigkeitsanalyse eines gewissen Teiles des Profiles der Tafeldecke bestimmt werden (Mesozoikum in der Wiljui-Syneklise, mittleres und Jungpaläozoikum sowie unteres Mesozoikum in der Tunguska-Syneklise, Altpaläozoikum an der Flanke des Anabar-Massivs und des Aldan-Schildes). Selbstverständlich sind diese Angaben für die verschiedenen Teile der Sibirischen Tafel schwerlich vergleichbar, alle zusammengenommen liefern sie jedoch ein allgemeines Bild ihres Baues.

Außer den Syneklisen gibt es im Bereich der Tafeln noch genügend große positive Strukturen, die entweder kompliziert gebaute Großscheitel von Anteklisen darstellen (Tokmowsker-, Olenek-Hebungsgebiet), oder eine nicht hinreichend klare Natur besitzen (Turuchan-Hebungsgebiet u. a.). Sie werden auf der Karte durch den neutralen Terminus **„Hebungsgebiet"** bezeichnet. Genauso gibt es außer den Syneklisen große negative Strukturen, die sich von ihnen im Bau unterscheiden. Sie werden ebenfalls mit neutralen Bezeichnungen wie **„Senkungsgebiet"** und „Durchbiegung" belegt.

In einigen Tafeln werden eigenartige Anteklisen in Form von Querriegeln zwischen den benachbarten Einsenkungen ausgeschieden, die als **„Sättel"** (Lettischer Sattel, Kustanai-Sattel) bezeichnet werden.

Strukturen zweiter Ordnung sind viele der oben angeführten Einsenkungen, Durchbiegungen und Hebungsgebiete. Außerdem werden im Bereich der Russischen Tafel die **Wälle** ausgeschieden, die gewöhnlich als Ketten von Plakantiklinalen aufzufassen sind, und die längs der wichtigsten tektonischen Nähte des kristallinen Fundamentes entstanden.

Strukturen höherer Ordnungen sind die **Plakantiklinalen, Kuppeln** und **Flexuren** sowie die verschiedenen Formen der Salztektonik.

Außer den aufgezählten tektonischen Strukturen sind in vielen Gebieten verschiedene **Bruchstörungen** bedeutsam, die jedoch in allen Fällen durch das gleiche Zeichen dargestellt werden, denn der Untersuchungsgrad dieser tektonischen Störungen erlaubt noch keine Unterscheidung in einzelne Typen.

5. Die Grenzstrukturen zwischen Tafel- und Faltungs-(Geosynklinal-)Gebieten

Für die Entwicklungsgeschichte der Erdkruste hat die Aufklärung der Wechselbeziehungen zwischen den Tafeln und den sie umgebenden Geosynklinalgebieten in Raum und Zeit eine außerordentlich große Bedeutung. Es wurde festgestellt, daß die Tafeln in der Regel von den sie einrahmenden Geosynklinalen durch Zonen tief angelegter tektonischer Nähte getrennt werden, für die der Terminus **„Randfugen“** vorgeschlagen wurde. Als Beispiel derartiger Nähte mag die Flexur des kristallinen Untergrundes des Baltischen Schildes längs der Aufschiebung der norwegischen Kaledoniden genannt sein, oder jene tiefen Brüche, die sich am Ost-Sajan entlangziehen und die kaledonischen Faltenformationen seiner südwestlichen Flanke von den gleichaltrigen Tafelformationen der Nordostflanke trennen. Wie die Untersuchungen von N. S. Schatski zeigen, stellen die Randfugen sehr kompliziert gebaute tiefe Bruchzonen dar, die durch eine äußerst langandauernde Entwicklung gekennzeichnet werden. Ihre Bewegungen äußern sich besonders scharf in der Zeit der Entwicklung des Geosynklinalsystems und in der Faltungsperiode selbst, erscheinen aber auch später während der Umbildung eines gegebenen Bereiches der Erdkruste zu einer Tafel.

Wenn an ein Geosynklinalsystem der in struktureller Beziehung gehobene Bereich einer älteren Tafel grenzt, blieb in der Periode der Faltung und des Ausklingens geosynklinaler Verhältnisse die Grenze zwischen ihnen gewöhnlich scharf. In diesem Fall kann man die Randfuge an der Oberfläche sehen und sie kartieren. Meistens sind längs dieser Fuge Aufschiebungen des gefalteten Geosynklinalsystems auf die Tafel entwickelt.

In der Mehrzahl der Fälle grenzen aber an das Geosynklinalsystem mehr oder weniger eingetauchte Teile der Tafel. In diesem Fall bildeten sich beim Ausklingen des Geosynklinalsystems und bei der Umwandlung in ein Gebirgsland längs der Grenze zur Tafel **Randsenken.** Sie wurden vor allem am Außenrand der Tafel angelegt, manchmal jedoch auch in den randlichen Teilen des Geosynklinalsystems. In Verbindung damit können im Innern dieser Randsenken Strukturen verschiedener Typen beobachtet werden. Das sind in einigen Fällen Kuppeln und Schollenstörungen, in anderen linear verlaufende Falten. Die Randsenken sind immer asymmetrisch, werden in der Horizontalen nicht selten in ein System perlschnurartig angeordneter Senken aufgesplittert und sind mit spezifischen Formationen erfüllt (paralische Kohlen, Molasse, Salz). Innerhalb ihrer Grenzen fehlen erwartungsgemäß Anzeichen einer magmatischen Tätigkeit. Für sehr viele Randsenken wurde ein allmähliches Achsenwandern in Richtung auf die Tafel festgestellt.

Als eigentümliche und sehr wichtige Abart der Randsenken treten **Quersenken** auf, die weit in die Tafel hineinreichen. Beispiele dafür sind die Donez- und Kusnezk-Senkungsgebiete. Quersenken bilden sich gleichzeitig mit den Randsenken, d. h. während der Periode der Faltung und der Gebirgsbildung im benachbarten Geosynklinalsystem, liegen jedoch nicht parallel zum Tafelrand, sondern quer oder schiefwinklig zu ihm und entstehen nur in Scheiteln einspringender Winkel von Tafeln. Ähnliche Bildungen sind manchmal auch in den Scheiteln einspringender Winkel einzelner Platten im Tafelinnern entwickelt. Als Beispiel für diesen Typ sei die Patschelma-Senke angeführt.

Die oben aufgezählten tektonischen Strukturtypen sind auf der Karte durch verschiedene Strichführung und verschiedenfarbige Zeichen dargestellt. In einigen Fällen wird ihr Charakter durch entsprechende Aufschriften hervorgehoben.

IV. DIE GRUNDZÜGE DES TEKTONISCHEN BAUES IM GEBIET DER UdSSR

Innerhalb der UdSSR treten Faltungsgebiete verschiedenen Alters auf. Der europäische Teil der UdSSR umfaßt einen großen Teil der präkambrischen Russischen Tafel, während der zentrale Teil Sibiriens die alte präkambrische Sibirische Tafel einnimmt. Weite Räume Westsibiriens, der Turan-Niederung, des Ural-Gebirges, Mittelasiens und Südsibiriens, ebenso wie der Halbinsel Taimyr und der Inseln von Sewernaja Semlja gehören zu den Gebieten mit paläozoischer Faltung. Die in beträchtlichen Tiefen abgesunkenen und von einer meso-känozoischen Tafeldecke verhüllten paläozoischen Faltenbaue umrahmen die Russische Tafel im Süden und Südwesten. Innerhalb der paläozoisch gefalteten Gebiete werden mit unterschiedlicher Deutlichkeit kaledonische und variscische Zonen voneinander getrennt, die sich durch verschiedene Besonderheiten ihrer Entwicklung auszeichnen. Die mit ihren Randzonen in das südliche Grenzgebiet der UdSSR hineinragende alpidische Faltungszone umfaßt die heutigen Gebirge der Karpaten, der Krim, des Kaukasus, des Kopet-Dag, des Pamir und die sie trennenden Becken und tiefen Senken des Schwarzen und des südlichen Kaspischen Meeres. Im Osten der UdSSR befinden sich die weiten Räume des Werchojansk-Kolyma-Gebietes, Tschukotkas, der Mongolisch-Ochotskischen Zone und des Primorje-Gebietes, die in bezug auf die Entwicklungszeit der mesozoischen (Yenschan-) Faltung angehören. Schließlich sind Kamtschatka, die Kurilen-Inseln, Sachalin und ein beträchtlicher Teil des Ochotskischen Meeres zum Gebiet der känozoischen Faltung zu rechnen, die sich in bezug auf die Zeit und die Vollendung des Prozesses ihrer Geosynklinalentwicklung in vielem von der Zone der alpidischen Faltung im Süden und Südwesten der UdSSR unterscheidet.

1. Die Russische Tafel

Die Russische Tafel, die in der Literatur auch unter den Bezeichnungen Russische Platte (E. SUESS), Osteuropäische Tafel (A. D. ARCHANGELSKI), Fennosarmatia (H. STILLE) bekannt ist, nimmt weite Räume des europäischen Teiles der UdSSR und der Skandinavischen Halbinsel ein. Ihre Grenzen verlaufen im Nordwesten am Fuß der norwegischen Kaledoniden, im Nordosten längs Nowaja Semlja und Pai-Choi, im Osten am Ural-Westabhang. Im Süden schneidet die Tafelgrenze das nördliche Kaspische Meer und verläuft vom Wolga-Delta ab jenseits des Donez-Beckens. Hier biegt sie in einem scharfen Winkel um den östlichen Vorsprung des Ukrainischen Schildes herum, zieht weiter in Richtung Westen über den nördlichen Teil des Asowschen Meeres und die Landenge von Perekop zur Donau-Tiefebene. In der weiteren Erstreckung biegt die Grenze der Russischen Tafel nach Nordwesten zurück und verläuft entlang der östlichen Karpaten und schließlich etwa längs der Weichsel in gerader Richtung nach Dänemark.

Eine der wichtigsten Besonderheiten des Umrisses der Russischen Tafel ist die Erscheinung, daß ihre Grenzen auf beträchtliche Entfernungen geradlinig verlaufen, so über Abschnitte, deren Länge 1500—2500 km erreicht. Eine zweite Besonderheit des Umrisses ist die scharf ausgebildete Winkeligkeit der Form. So verlaufen die nordwestliche und die südwestliche Grenze im Gebiet der Nordsee rechtwinklig zueinander. Ebenfalls eine fast rechtwinklige Form hat das Nordostende am Ostteil der Bolschesemelsker Tundra. Einen etwas ausgeglicheneren aber auch rechtwinkligen Umriß läßt die südöstliche Umgrenzung der Tafel erkennen.

Das gefaltete Fundament der Russischen Tafel ist in bezug auf die Zusammensetzung und das Alter ungleichartig. Es tritt innerhalb der Skandinavischen Halbinsel (Baltischer Schild), in den Timan-Bergen und der Halbinsel Kanin, im Südwestteil der Ukraine (Ukrainischer Schild) an die Tagesoberfläche und bildet kleinere Ausbisse im Don-Tal, im Gebiet von Pawlowsk und Bogutschar (Woronesh-Anteklise). Im gesamten übrigen Raum ist das Fundament in unterschiedliche, örtlich beträchtliche Tiefen unter die Decke der Tafelsedimente abgesunken und wird nur von Tiefbohrungen erreicht.

Im nordöstlichen Teil der Tafel (Halbinsel Kanin, Timan-Berge und Bolschesemelsker Tundra) wird das Fundament von einer mächtigen Serizit- und Chloritschieferserie aufgebaut, in die kleinere granitische Intrusionen eingedrungen sind. Das Alter dieser Serie ist ripheisch und teilweise vielleicht kambrisch. Der Abschluß der Faltung fällt in diesem Gebiet zeitlich mit der baikalischen Epoche zusammen. Zu den Faltenbauen des gleichen Alters gehören die Fischer- und Varanger-Halbinsel, sowie die Kildin-Insel, die von gestörten sedimentären Schichtenfolgen der hyperboräischen Formation (Sparagmit, Ripheikum) aufgebaut werden. Der große übrige Teil der Tafel besitzt ein Fundament, das aus Bildungen der proterozoischen und archäischen Faltung besteht.

Die strukturellen Einheiten. Innerhalb des **Baltischen Schildes** (1)[1] wird eine Reihe von Faltengürteln mit allgemein nordwestlichem Streichen ausgeschieden. Von Nordosten nach Südwesten sind dies: die vorwiegend im Proterozoikum gebildete Kola-Faltenzone; das von altarchäischen Gneiskomplexen zusammengesetzte Weißmeer-Massiv mit alt- und jungarchäischer Granitisierung; das komplizierte System der Karelischen Faltenzone, an deren Aufbau eine Reihe großer proterozoischer Antiklinorien und Synklinorien beteiligt ist; die ebenfalls aus archäischen und proterozoischen Gesteinsserien aufgebaute Finnische Faltenzone. Schließlich das Westfinnische Massiv, in dem ebenso wie im Weißmeer-Massiv archäische Bildungen weit verbreitet sind. Die Karelische und die Finnische Faltenzone gehen in den nördlichen Teilen Skandinaviens in die Nord-Süd-streichende Lappland-Faltenzone über.

Im Bereich der aufgezählten Faltensysteme werden die in den Faltenkernen und in den alten Massiven ausstreichenden archäischen Gesteine von granitisierten Gneisen vertreten. Die darüberliegenden Bildungen werden in zwei Strukturstufen gegliedert. Die eine setzt sich aus jungarchäischen Eisenerzfolgen und aus altproterozoischen Spilit-Keratophyr- und Schieferformation der Karelischen und der Kola-Faltenzone zusammen, deren Gesteine stark disloziert und granitisiert sind. Auf ihnen liegen im Westkarelischen und im Zentralkola-Antiklinorium diskordant nicht granitisierte und flachgeneigte dislozierte Gesteine des oberen Proterozoikums (Segosero- und Onega-Serie), die hier in die zweite Strukturstufe gestellt werden. Im Ostkarelischen Synklinorium sind die liegenden Teile des oberen Proterozoikums (Quarzite und Diabase der Segosero-Serie) zusammen mit älteren Schichtenfolgen disloziert. Zur zweiten Strukturstufe gehören hier terrigen-effusive Gesteine, Marmore und Schungitschiefer des oberen Proterozoikums (Onega-Serie), die von zahlreichen Diabaslagergängen durchzogen werden. Sie sind nicht granitisiert und liegen relativ flach.

Auf der erodierten Oberfläche der gefalteten Geosynklinalbildungen und ihrer Intrusivmassive liegen jotnische Ablagerungen, die sich durch ihren Tafelcharakter auszeichnen (Schokscha-Sandsteine u. a.). In ihre Bildungszeit fällt zu einem gewissen Grade die Intrusion von Alkaligraniten, z. B. des Rapakiwis (Wyborg-Massiv u. a.).

Auf dem **Ukrainischen Schild** (2), der sich durch eine sehr weite Verbreitung von granitischen und granitisierten Gesteinen des Archaikums und teilweise des unteren Proterozoikums auszeichnet, lassen sich deutlich die in meridionaler Richtung verlaufenden synklinalen Faltungsstreifen der Kriwoi-Rog-Serie (Saksaganiden) ausscheiden.

Die Nord-Süd- und Nordwest-Südost-streichenden saksaganidischen Faltensysteme lassen sich ebenfalls in der **Woronesh-Anteklise** (4) ausscheiden (Kursk, Stary Oskol). Die Beziehungen der karelischen Faltung auf dem Baltischen

[1] Im Text sind die in der beiliegenden Übersichtskarte verzeichneten tektonischen Strukturen durch **halbfette Schrift** hervorgehoben. Zur besseren Übersicht ist in Klammern dahinter die Ziffer angegeben, unter der die betreffende Struktur auf der Übersichtskarte zu finden ist. Anm. d. wiss. Red.

Schild zur Saksaganiden-Faltung im südlichen Teil der Tafel sind noch nicht genügend klar, doch ist es sehr wahrscheinlich, daß die erste älter als die zweite ist. Dafür sprechen die Werte der absoluten Altersbestimmung an Gesteinen der Kriwoi-Rog-Serie (oberes Archaikum) und das auf Grund magnetischer Untersuchungen hervortretende Durchkreuzen des saksaganidischen Nord-Süd-Streichens durch das karelische Nordwest-Südost- und Ost-West-Streichen in den zentralen Tafelteilen.

Das die Struktur des Deckgebirges bestimmende Oberflächenrelief des gefalteten Fundamentes der Russischen Tafel ist recht kompliziert. Wie bereits erwähnt wurde, befinden sich im nördlichen und südlichen Teil der große Baltische und der etwas kleinere Ukrainische Schild, denen in bedeutendem Maße eine sedimentäre Decke fehlt. In den Teilen der Tafel mit Bedeckung treten als positive Strukturen die Belorussische, die Woronesh- und Wolga-Ural-Anteklise sowie das Timan-Hebungsgebiet[1] auf.

Die **Belorussische Anteklise** (3) und die bereits genannte Woronesh-Anteklise bilden ein System flacher Erhebungen des Fundaments, die sich in nordwestlicher Richtung von den Don-Niederungen im Osten bis in die östlichen Teile Polens im Westen hinziehen. In ihren Scheitelregionen liegt das gefaltete Fundament in relativ geringer Tiefe (wenige 100 Meter) oder tritt örtlich unmittelbar an die Oberfläche (Don). Darüber ist eine relativ geringmächtige Decke des mittleren und oberen Devons entwickelt, die örtlich von transgressiven Ablagerungen des oberen Juras und der oberen Kreide bedeckt wird.

Die Belorussische und die Woronesh-Anteklise werden vom Ukrainischen Schild durch das tiefe Senkungsgebiet des großen Donbass und der in ihrer westlichen Verlängerung gelegenen **Pripjat-Senke** (15) und **Brester Senke** (14) getrennt. Vor dem Unterdevon existierte auf dem Gebiet dieser Strukturelemente der Russischen Tafel ein einheitlicher Sarmatischer Schild, der vollkommen dem Baltischen Schild entsprach. Im mittleren Devon entstand offenbar längs des Scheitelteiles des Sarmatischen Schildes ein System großer Brüche, an denen die Absenkung des Großen Donbass begann. Dieser langanhaltende und komplizierte Prozeß, der im Oberdevon von einer intensiven vulkanischen Tätigkeit begleitet wurde (Tschernigow, Südrand des Donbass), führte zur Auffüllung der Senke mit einer mächtigen Schichtenfolge des mittleren und oberen Paläozoikums, in der im Oberdevon Salinarformationen weit verbreitet waren. In den darauffolgenden Epochen erfolgte eine Erweiterung des zentralen Teils der Senke durch Einbeziehung der benachbarten Hebungsflanken; in ihrem Raum entstand die **Ukrainische Syneklise** (11), die mit mächtigen mesozoischen und paläogenen Sedimentfolgen aufgefüllt wurde. In den zentralen Teilen der Senke des Großen Donbass befindet sich das gefaltete Fundament in einer Tiefe von 3 bis 5 km.

[1] Auf der „Tektonischen Karte der UdSSR und der angrenzenden Länder" i. M. 1:5000000 ist die letz genannte ebenfalls als Anteklise bezeichnet — ein zu spät bemerkter Fehler. Nach der Entwicklungsgeschichte und der Morphologie unterscheidet sich der Timan scharf von den eigentlichen Anteklisen. Das gleiche trifft für die Anabar- und Jenissei-„Anteklise" zu.

Ihre Flanken werden durch ein System von Staffelbrüchen kompliziert. Im Innern treten zahlreiche salztektonische Erscheinungen auf. Die in ihrem Kern oberdevonisches Salinar führenden Salzkuppeln bilden zwei Hebungssysteme, die parallel zu den Grenzen des Fundaments verlaufen. Im Südosten gehören zur Senke des Großen Donbass die Falten des Donez-Beckens (siehe unten).

Die **Wolga-Ural-Anteklise** (5) zeichnet sich durch einen sehr komplizierten Aufbau aus. In ihr befindet sich ein System besonderer Hebungs- und Senkungsgebiete, von denen viele verschiedenes Alter besitzen.

Im Nordwesten der Anteklise liegt das große Tokmowsker Hebungsgebiet, in dessen Scheitelteilen präkambrische kristalline Gesteine bis zu einer Tiefe von etwa 1 km hochkommen. In den östlichen und südlichen Teilen der Anteklise tritt ein System von Wällen (Wjatka-, Kama-, Shigulew-Wall) und verschiedenaltriger Senken auf — so die mesozoische Uljanowsk-Saratow-Senke und die paläozoische Melekesker Senke). Die Wälle werden durch Plakantiklinalen (Tuimasa-, Ufa-Plakantiklinale u. a.) sowie durch Flexuren (Buguruslansker Flexur) kompliziert. Innerhalb des Hebungsgebietes liegt das Fundament in einer Tiefe von größenordnungsmäßig 1600—1800 m, sinkt aber in der Melekesker Senke bis auf 2500 m ab.

Die Tafeldecke der Wolga-Ural-Anteklise wird aus Sedimentgesteinen des mittleren Devons bis oberen Perms zusammengesetzt. In den Senken erscheinen Ablagerungen der unteren Trias sowie des Juras und der unteren Kreide (Uljanowsk). Gegenwärtig ist der Bau der Anteklise schon mit großer Vollständigkeit geklärt. Sie stellt das Gebiet mit der Entwicklung der größten im Devon auftretenden Erdöllagerstätten der Russischen Tafel dar.

Die südöstliche Ecke der Tafel wird von der **Prikaspi-Syneklise** (10) eingenommen, unter der sich das gefaltete Fundament in großen Tiefen befindet, die nach Angaben geophysikalischer Untersuchungen 10 km überschreiten. Im Osten vereinigt sich die Syneklise mit der Vorural-Randsenke (siehe unten). Die Grenze zwischen beiden kann über beträchtliche Entfernungen hinweg nur bedingt nach dem Verschwinden der für die Randsenke typischen linearen Anordnung der Salzkuppeln gezogen werden.

Die Nordflanke der Syneklise bildet ein System stufenförmiger, „perikaspischer" Flexuren (Tokarewsker, Busuluksker Flexur u. a.), die die Syneklise von der Wolga-Ural-Anteklise trennen. Im Westen wird die Prikaspi-Syneklise von den Dislokationen des Don-Medwedizki-Walles eingerahmt, die eigenartige Komplikationen des Ostflügels der Woronesh-Anteklise darstellen. Dies ist ein aus einer karbonatischen Devon- und Karbonfolge aufgebautes System kofferförmiger Plakantiklinalen, das von wenig gestörten jurassischen, kretazischen und paläogenen Gesteinen bedeckt wird. Von der Prikaspi-Syneklise wird der Don-Medwedizki-Wall durch die große Stalingrader Flexur getrennt, auf deren südlicher Verlängerung sich der östliche Vorsprung der Jergena befindet. Die die Prikaspi-Syneklise umrahmenden Flexuren sind Dislokationen, die durch das Paläozoikum, Mesozoikum und Känozoikum hindurch eine lange Entwicklung durchgemacht haben. Sie bestimmen Verbreitung und Mächtigkeit der die Syneklise erfüllenden Ablagerungen. So bildet z. B. die Stalingrader Flexur im Abschnitt nördlich Stalingrad die westliche Verbreitungsgrenze der permischen und triadischen Schichten.

Im südwestlichen Grenzbezirk der Prikaspi-Syneklise, etwas nördlich des Ustjurt, war schon lange ein submeridionaler Streifen positiver Schwereanomalien bekannt. Früher glaubte man, daß diese Zone mit abgesunkenen Faltenbauen, die den Ural mit dem Donbass verbinden, verknüpft sei. Heute ist aber durch Bohrungen festgestellt, daß dem angeführten Schweremaximum eine abgesunkene Aufwölbung der Tafel entspricht, in deren Scheitel unmittelbar unter Jura ober- und mittelkarbonische Kalke liegen. Diese Aufwölbung erhielt die Bezeichnung Süd-Emba-Plakantiklinale. Nach den geophysikalischen Daten zu urteilen wird ihr Scheitel über eine große Erstreckung von einem Bruch zerlegt. An seinem südlichen Flügel werden einige Horizonte des Karbons bereits von grobklastischen Gesteinen vertreten, die möglicherweise zu der Molasseformation der weiter südlich folgenden Randsenke der Varisciden gehören. Die mesozoischen und tertiären Sedimente auf der Süd-Emba-Plakantiklinale bilden eine posthume Struktur und tauchen in südlicher Richtung unter den Ustjurt ab. Im Hinblick auf die dargelegten Angaben verläuft die Grenze der Prikaspi-Syneklise und damit der Russischen Tafel auf der Karte längs der genannten Störung und von hier aus in westnordwestlicher Richtung bis nördlich Astrachan, wo Bohrungen unter horizontalgelagertem Jura unterpermische Ablagerungen erschlossen, die sich in ihrer Zusammensetzung von gleichaltrigen Ablagerungen in der Vorural-Raindsenke bei Aktjubinsk-Tschkalow nicht unterscheiden.

Für die zentralen Teile der Prikaspi-Syneklise ist die weite Verbreitung von Salzkuppeln charakteristisch, deren Kerne von permischem Steinsalz gebildet werden. Es ist sehr wahrscheinlich, daß in den westlicheren Gebieten der Syneklise am Aufbau einiger großer und komplizierter Kuppeln (Baskuntschak-, Inder-, Tschelkar-K.) verschiedenaltrige Salzfolgen beteiligt sind. Möglicherweise erstreckt sich in die Prikaspi-Syneklise salzführendes Oberdevon aus dem Donez-Becken. Ferner ist hier die Möglichkeit des Auftretens salzführender Schichtenfolgen im Oberkarbon nicht ausgeschlossen, denn in den nördlich anschließenden Gebieten enthalten diese Sedimente Anhydritschichten und in Bohrungen bei Busuluk wurde, nach Kernangaben zu urteilen, in ihnen ebenfalls Salz angetroffen.

Die verschiedenen geophysikalischen Angaben rechtfertigen die Annahme, daß innerhalb der Prikaspi-Syneklise einige abgesenkte Aufwölbungen des kristallinen Fundamentes vorhanden sind, die zwar in der Morphologie der Salzkuppeln zum Ausdruck kommen, jedoch nicht oder nur relativ wenig die Verteilung der Fazies und der Mächtigkeit der mitteljurassischen und jüngeren Sedimente beeinflussen. Auf der Karte ist nach Angaben der seismischen und gravimetrischen Untersuchungen die wahrscheinliche innere Struktur eines Teiles der Prikaspi-Syneklise durch Isohypsen dargestellt, die auf das Liegende des Salzkomplexes bezogen sind. Die tiefsten Absenkungen der Syneklise müssen von außerordentlich mächtigen (6—7 km) permischen, triadischen und wahrscheinlich unterjurassischen Schichtenfolgen erfüllt sein.

Im Nordteil der Russischen Tafel liegt die weite **Moskauer Syneklise** (7). Im Nordwesten wird sie von den Flanken des Baltischen Schildes begrenzt, während sie im Südwesten und Süden von der Belorussischen, der Woronesh- und der Wolga-Ural-Anteklise umrahmt wird. Im Osten vereinigt sie sich mit der Glasow-Syneklise und im Nordosten wird sie von der Aufwölbung des Timans begrenzt. Das präkambrische kristalline Fundament liegt in den zentralen Teilen der Syneklise in einer Tiefe von größenordnungsmäßig 2500 m. Ihre Flanken haben verschiedenen Aufbau. Flache Flexuren komplizieren den zur Woronesh-Anteklise gerichteten Südwestflügel, dessen mittleres Einfallen 1,5—2 m auf 1 km nicht übersteigt. Während der Südostflügel offensichtlich von einer Reihe wallförmiger Erhebungen und Plakantiklinalen kompliziert wird, hat der Nordwestflügel die Form einer weitgespannten Monoklinale (das Einfallen der Fundamentoberfläche wird hier mit 2—3 m auf 1 km angegeben). Der Aufbau des nordöstlichen Flügels ist noch nicht ausreichend untersucht. Die Möglichkeit ist nicht ausgeschlossen, daß sich längs des Timans eine tiefe Senke erstreckt, die sich über einer Berührungszone karelischer und ripheischer Faltung ausbildete. Die noch nicht ganz nachgeprüften Mitteilungen über die Entwicklung von Salzkuppeln nördlich der Stadt Syktywkar (Kuppeln von Seregow) mögen als eine gewisse Bestätigung dafür dienen. Die inneren Teile der Moskauer Syneklise werden durch ein System von Plakantiklinalen des Suchona-Walles (Plakantiklinale von Soligalitsch u. a.) kompliziert, die sich achsial von Südwesten nach Nordosten erstrecken.

Die Moskauer Syneklise stellt eine alte Senke der Russischen Tafel dar, die schon im Ripheikum und Altpaläozoikum als eine große Einwölbung bestand. In ihrem Bereich ist ein vollständiges stratigraphisches Profil von den ripheischen Bildungen bis zu den Ablagerungen der oberen Kreide entwickelt.

Die Moskauer und die Prikaspi-Syneklise werden durch die schmale, aber recht tiefe **Patschelma-Senke** (16) miteinander verbunden. Diese große grabenförmige Senkungszone ist sowohl nach Nordwesten als auch nach Südosten geöffnet. Sie entstand besonders in dem ripheischen und kaledonischen Stadium der Tafelentwicklung und wurde in dieser Zeit mit einer mehr als 1000 m mächtigen sandig-tonigen Schichtenfolge angefüllt. In dieser Epoche bildete sie den Sarmatischen und den im Bereich der heutigen Wolga-Ural-Anteklise liegenden anderen großen alten Schild. Die Bewegungen während des Devons und des Karbons sind im Gebiet der Patschelma-Senke nur schwach zu erkennen, aber in jurassischer Zeit entwickelte sich in ihrem Bereich eine aktive Senkungszone, die als eine weite Straße für marine Transgressionen diente. Längs des achsialen Teiles der Patschelma-Senke ist das Tafelfundament bis auf eine Tiefe von 2—2,5 km abgesunken. Ihre Nordostflanke ist durch das Störungssystem des Kerensk-Tschembar-Walles kompliziert, in dessen nordwestlicher Verlängerung der Oka-Zna-Wall liegt, der im Nordwesten das Tokmowsker Hebungsgebiet der Wolga-Ural-Anteklise umrahmt.

Die **Glasow-Syneklise** (9) wird von der Moskauer Syneklise durch die flache Hebungszone des Wjatka-Walles getrennt. Sie stellt eine flache, aber recht tiefe

Senke dar (die Tiefe des Fundamentes schwankt zwischen 2200 und 2700 m), die sich im Osten mit der Randsenke des Vorurals vereinigt. Dieses Senkungsgebiet ist mit einer mächtigen sedimentären (karbonatischen und terrigenen) Schichtenfolge mittel- und oberpaläozoischer Ablagerungen angefüllt, in der besonders permische Gesteine weit verbreitet sind.

Das **Timan-Hebungsgebiet** (6) unterscheidet sich in vieler Hinsicht von den typischen Anteklisen der Russischen Tafel. Es besteht aus einer Reihe nordwestlich streichender langgestreckter Falten, die durch Längsbrüche gestört sind. Am Aufbau dieser Falten sind karbonische sowie ober- und mitteldevonische Tafelformationen beteiligt. In den Kernen der größten Antiklinalen erscheint ein gefalteter Komplex mit ripheischem und vielleicht teilweise kambrischem Alter. Die Faltenschenkel fallen gewöhnlich recht steil ein, während die Scheitelzonen flach gebaut sind. Die deutlich ausgeprägte lineare Orientierung aller Strukturelemente des Timans, welche die Richtung der im Untergrund liegenden ripheischen Faltung wiederholt, ist mit dem jungen Alter des Fundamentes dieses Tafelteiles und somit mit der großen tektonischen Aktivität und mit der Fähigkeit, sich den Faltendeformationen zu unterwerfen, verknüpft.

Die äußerste Nordostecke der Russischen Tafel, die einen großen Teil der Bolschesemelsker Tundra einnimmt, stellt eine große Senkungszone dar und ist unter der Bezeichnung **Petschora-Syneklise** (8) bekannt. Der Bau dieses völlig von lockeren Sedimenten bedeckten Gebietes ist noch wenig erforscht. Mit Sicherheit ist aber zu sagen, daß gefaltete ripheische Bildungen das Fundament aufbauen und daß in ihrem Bereich ein vollständiges und sehr mächtiges paläozoisches und mesozoisches Profil mit vorherrschenden marinen epikontinentalen Sedimenten entwickelt ist. Im Osten wird die Petschora-Syneklise von der tiefen Depression des nördlichen Teils der variscischen Vorural-Randsenke begrenzt. In ihrem Zentrum verläuft ein nordwestlich streichender Streifen mit kuppelartigen Erhebungen (Petschora-Hügelreihe), deren Scheitel in relativ geringer Tiefe devonische Gesteine bilden.

Das zu einem beträchtlichen Teil auf dem Territorium der Volksrepublik Polen gelegene südwestliche Randgebiet der Russischen Tafel stellt die Flanke des Ukrainischen Schildes und der Belorussischen Anteklise dar, in deren Bereich das präkambrische Fundament bis auf 2—2,5 km unter die Erdoberfläche abgesunken ist. Westlich dieser Flanke liegen zwei große Syneklisen, die Baltische und die Polnisch-Litauische Syneklise, die mit mächtigen ripheischen, paläozoischen, mesozoischen und känozoischen Schichtenfolgen angefüllt sind.

Die **Baltische Syneklise** (13) wird von der Moskauer Syneklise durch den Lettischen Sattel getrennt und stellt eine am Ende des Paläozoikums im Westteil der alten Baltischen Senkungszone entstandene Restsenke dar, die sich im Ripheikum und Altpaläozoikum quer durch die Russische Tafel erstreckte und deren alte Schilde — den Baltischen vom Sarmatischen und Wolga-Ural-Schild — voneinander trennte. Auf dem Gebiet der UdSSR liegt nur der östliche Teil dieser Syneklise, deren Zentrum sich unter der südlichen Ostsee befindet.

Die **Polnisch-Litauische Syneklise** (12) stellt ein im Mesozoikum, hauptsächlich in der Oberkreide, entstandenes Senkungsgebiet dar. Die Mächtigkeit der hier in einem vollständigen stratigraphischen Profil vorliegenden mesozoischen Ablagerungen erreicht 700 m. Der Ostflügel der Syneklise wird von präkretazischen Querstörungen kompliziert. Die größten dieser Brüche sind der Ost-West-streichende Wladimir-Wolynsk-Sprung (minimale Sprunghöhe 1500 m) und die Ost-West-streichenden Randbrüche der Brester Senke.

In der Entwicklungsgeschichte der Russischen Tafel zeichnen sich deutlich einige Stadien ab, von denen das erste Ripheikum und Unterkambrium, das zweite Ordovizium und Silur umfaßt. Im Verlauf des Ripheikums verlief das allgemeine Streichen der großen Strukturelemente fast Ost-West und Nordost-Südwest. Im Norden der Tafel entstand der Baltische Schild, südlich davon durchlief die Baltische Syneklise eine lange Entwicklungsgeschichte. Noch weiter südlich erschienen der große Sarmatische Schild und die Wolga-Ural-Anteklise, die von der tiefen Patschelma-Senke voneinander getrennt wurden. Im äußersten Südosten bestand offensichtlich schon die Einwölbung der Prikaspi-Syneklise. In die gleiche Epoche (Ripheikum — Beginn des Kambriums) fällt das Ende des ripheischen Geosynklinalsystems der Halbinsel Varanger-Timan und der Umfang der Russischen Tafel vergrößerte sich etwas.

Im Verlauf des Ordoviziums und des Silurs erfolgten große strukturelle Veränderungen der nordwestlichen Russischen Tafel, die mit der kaledonischen Faltung im Grampian-Geosynklinalsystem zusammenhingen.

Für das Unterdevon ist das Vorherrschen von Hebungsbewegungen charakteristisch, die das Ende des Sedimentationsprozesses auf einem großen Teil den Tafel zur Folge hatten. In dieser Epoche setzte sich die Sedimentation nur in der eingebogenen Bereichen des Südwestrandes der Tafel, des westlichen Teils der Baltischen Syneklise und möglicherweise in der Prikaspi-Syneklise fort.

Im Mittel- und Oberdevon erfolgte eine weitere Umgestaltung des Bauplanes der Tafel. Es entstand das Donez-Becken, welches den Sarmatischen Schild in den Ukrainischen Schild, die Belorussische Anteklise und die Woronesh-Anteklise unterteilte. Die Bildung der Moskauer Syneklise verstärkte sich und der gesamte östliche Teil der Tafel wurde in ein intensives Senkungsgebiet einbezogen (Ostrussische Senke A. D. Archangelskis). Dieses Entwicklungsstadium dauerte bis zur unteren Trias, deren Ablagerungen sowohl nach ihrer Ausbildung, als auch nach der allgemeinen Verteilung auf der Tafel sehr eng mit dem Profil des oberen Perms verknüpft sind. Somit entsteht im Verlauf des dritten Stadiums gleichzeitig mit einer fast ost-westlichen Orientierung der Strukturen im westlichen Teil der Tafel eine große Nord-Süd-Senke im östlichen Teil. Die Zeit des Mittel- und Oberdevons, die einen Umbruch in der Entwicklung des Strukturplanes der Russischen Tafel darstellt, zeichnet sich durch eine erhöhte tektonische Aktivität aus. In Verbindung damit begann in einer Reihe von Tafelgebieten eine vulkanische Tätigkeit, die zur Bildung örtlich mächtiger vulkanogener Schichtenfolgen (Donez-Becken, Timan) führte.

Zu Beginn des Juras begann das vierte Entwicklungsstadium der Tafel. Es äußerte sich in einer intensiven Entwicklung aller Senken im Südteil (Prikaspi- und Ukrainische Syneklise, Mulde von Lwow), die durch eine Reihe von Spezialstörungen kompliziert wurden, sowie in der weiteren Hebung des Timans und in den Senkungsbewegungen innerhalb der Baltischen, der Moskauer und der Petschora-Syneklise. Somit erlangten in dieser Epoche Ost-West verlaufende Senkungs- und Hebungsgebiete auf der Russischen Tafel wiederum die Vorherrschaft.

2. *Die Sibirische Tafel*

Zentralsibirien und beträchtliche Räume Ostsibiriens gehören der präkambrischen Sibirischen Tafel an. Die Grenze dieser Tafel folgt im Westen nach den Angaben der geophysikalischen Untersuchungen dem Tal des Jenissei von Krasnojarsk im Süden bis zum Hafen von Dudinsk im Norden. Im Bezirk von Dudinsk lenkt der Tafelrand scharf nach Osten um und erstreckt sich bis zur Chatanga-Mündung und in einem kleinen Bogen weiter bis zur Lena-Mündung. In diesem Raum biegt der Rand der Tafel rechtwinklig nach Süden und verläuft längs des Lena-Tales bis zur Aldan-Mündung, wobei er einen scharfen, in das Tafelinnere verlaufenden Bogen bildet. Längs des Aldans erreicht die Tafelgrenze wiederum in einer nahezu rechtwinkligen Umbiegung die Küste des Ochotskischen Meeres. Hier bildet der Tafelrand einen spitzen Vorsprung, wendet sich scharf nach Südwesten, dann nach Westen und nach Umlaufen der Nordflanke des Stanowoi-Gebirges zieht er zum Südende des Baikal-Sees. Nach erneuter Richtungsänderung verläuft die Grenze in nordwestlicher Richtung zwischen den präkambrischen und kaledonischen Teilen des Ost-Sajans bis zum Jenissei im Gebiet von Krasnojarsk. Somit zeichnet sich die Sibirische Tafel analog der Russischen durch einen eckigen Umriß und lange gerade verlaufende Teile ihrer Randzone aus. Durch einen deutlich ausgebildeten, in das Innere einspringenden Winkel weicht der Nordostteil der Tafel in der Form von den übrigen Gebieten ab.

Das Fundament der Sibirischen Tafel ist das Ergebnis der archäischen, proterozoischen und baikalischen Faltung. Zur baikalischen Entwicklungsetappe gehört die Bildung des Fundaments der westlichen Tafelteile im Jenissei-Gebirge und der südlichen Teile im Baikal-Hochland. Sehr wahrscheinlich ist auch das baikalische Alter des gefalteten Untergrundes der Wiljui-Syneklise. Im übrigen Teil der Tafel besitzt das Fundament proterozoisches und archäisches Alter. Örtlich (Aldan-Schild) treten zwischen archäischen Bildungen Tafelteile auf, die in frühproterozoischer Zeit entstanden.

Die Archäiden bilden innerhalb der Sibirischen Tafel ein System komplizierter Bögen. Im Bereich des Aldan-Hochlandes lassen sie nordwestliches Streichen erkennen, das aber im Baikal-Hochland in eine nordöstliche Richtung übergeht. Im Gebiet des Südendes des Baikal-Sees biegt das Streichen der Archäiden erneut in die nordwestliche Richtung um. Im Gebiet des Anabar-Massivs erstrecken sich die archäischen Falten ebenfalls Nordwest-Südost.

Die proterozoischen Falten folgen in der Regel dem Streichen der archäischen. Im unteren Proterozoikum lassen sich geoantiklinale Hebungszonen und geosynklinale Senkungszonen festlegen, die nach dem Charakter der Formationen, der Faltung und des Magmatismus vollkommen mit analogen Strukturzonen paläozoischer Synklinalgebiete (Witim-Becken, Ost-Sajan) vergleichbar sind.

Die Baikaliden bilden Systeme relativ schmaler geosynklinaler Senken, die von ebenso schmalen geoantiklinalen Hebungsgebieten getrennt werden. Die sedimentären und vulkanogenen Schichtenfolgen sind in ein System komplizierter linearer Falten gelegt, die deutliche Anzeichen dafür erkennen lassen, daß sie den Entwicklungsplan der vorangegangenen proterozoischen Etappe übernommen haben.

In den präkambrischen Bildungen des Fundamentes der Sibirischen Tafel sind magmatische Erscheinungen weit verbreitet. Im Archäikum erlangen nicht magmatische, sondern ultrametamorphe Gesteine die absolute Vorherrschaft. Charakteristisch ist ebenfalls das Auftreten ältester Ultrabasite. Im Archäikum werden zwei Granitisationsstadien unterschieden. Im Proterozoikum erreicht die vulkanische Tätigkeit eine sehr weite Verbreitung und ist mit der Bildung einer mächtigen Spilit-Keratophyr-Formation verknüpft. Anscheinend mehr oder weniger gleichzeitig mit ihrer Bildung erfolgte das Aufdringen großer basischer und etwas später granitischer Intrusivkörper (Anorthosite, Labradorite).

Für die ripheische Etappe ist der Magmatismus ebenfalls charakteristisch. Er äußert sich in einer Anhäufung mächtiger Porphyrdecken im Baikal-Hochland, im Aufdringen großer Gabbro-Diorit-Intrusiva, und am Ende der Etappe durch die Intrusion normaler Granite. Für die letzten, abschließenden Stadien der Baikal-Faltung ist das Auftreten eines ultrabasischen Magmatismus charakteristisch. Besonders bemerkenswert sind die ultrabasischen Gänge, welche die ripheischen Tafelformationen im Südwestteil der Tafel durchsetzen (Tschadobezer Höhen).

Die strukturellen Einheiten. Die Oberfläche des gefalteten Fundamentes der Sibirischen Tafel trägt einen relativ ausgeglichenen Charakter. Das Fundament tritt im Norden der Tafel (Scheitel des Anabar-Massives) an die Oberfläche, ferner im südöstlichen Teil, wo der Aldan-Schild von archäischen und proterozoischen Bildungen aufgebaut wird, in den aus ripheischen Schichtenfolgen zusammengesetzten Grenzgebieten der Baikal-Faltungszone sowie in der **Nordzone des Ost-Sajans** (24), die gleichsam den verlängerten Südrand der Sibirischen Tafel darstellt. Am Westrand der Tafel tritt das gefaltete Fundament in den Scheitelzonen großer Aufsattelungen zutage, die sich in Nord-Süd-Richtung längs des Jenissei-Tales erstrecken (Jenissei- und Turuchan-Hebungsgebiet). Außerhalb der genannten positiven Strukturen taucht das Tafelfundament in beträchtliche Tiefen ab und bildet eine Reihe großer Senken, die von mächtigen sedimentären Bildungen aufgefüllt wurden. Eine allgemeine Charakteristik der Lagerungstiefe kann heute nur nach Mächtigkeitsberechnungen des Deckgebirgsprofils gegeben werden. An den Flanken der großen Hebungsgebiete (Aldan-Schild, Anabar-Massiv u. a.) erreicht die Tafeldecke nur eine relativ geringe Mächtigkeit (0,5 bis 2 km), nimmt aber in den zentralen Teilen der großen Syneklisen beträchtlich zu, so in der Wiljui-Syneklise bis 7—8 km und in der Tunguska-Syneklise bis 5—6 km.

Das **Anabar-Massiv** (21) stellt eine Gruppe ungleichartiger Hebungsgebiete dar. In seinem Kern treten hochmetamorphe archäische Gesteine zutage, die über einer scharfen Diskordanz von ripheischen, kambrischen und ordovizischen Tafelbildungen bedeckt werden. Die nördliche Flanke des Massivs wird durch die kleine, aber steile Aufwölbung der Popigai-Hebungszone kompliziert, die von einem Bruchsystem umgeben wird. An der Nordostecke des Massivs befindet sich das Olenek-Hebungsgebiet, an der Südostecke das Muna-Hebungsgebiet, in dessen Scheitelzonen die unteren Horizonte der Tafeldecke ausstreichen. Zwischen dem Muna-Hebungsgebiet und dem Zentralteil des Anabar-Massivs befindet sich die relativ flache Olenek-Senke, in der alle drei Abteilungen des Kambriums mit einer Mächtigkeit von mehr als 1500 m entwickelt sind.

Die fazielle Analyse der altpaläozoischen Ablagerungen des Anabar-Massivs zeigt, daß sie das Massiv niemals vollkommen bedeckten und daß die Ausstriche des Archaikums in den heutigen Scheitelzonen durch spätere Hebungs- und Abtragungsprozesse entstanden sind. Dieser Umstand zwingt, das Anabar-Präkambrium als ein Massiv und nicht als einen Schild zu bezeichnen.

Der zu einem großen Teil von archäischen Gesteinen aufgebaute **Aldan-Schild** (18) taucht im Norden gegen die Wiljui-Syneklise relativ flach, nach Nordwesten gegen die Beresow-Senke dagegen steiler ab.

Die im Westen an den Aldan-Schild anschließende **Baikal-Faltungszone** (19) stellt ein nordöstlich streichendes Faltensystem dar, das in den Oberläufen der Flüsse Bolschoi Patom und Shui unvermittelt in Ost-West- und dann in Ostsüdost-Streichen umlenkt. Das Baikal-Faltungsgebiet wird im Nordwesten und Norden von den sehr eigentümlichen Systemen der **Angara-Lena-Randsenke** (20) und der Beresow-Senke umgeben. Beide stellen alte Randsenken der Baikal-Faltung dar und werden von flyschartigen Formationen ripheischen Alters, weiter oben von klastischen salzführenden und karbonatischen Schichtenfolgen des Unterkambriums erfüllt. Die diese Senken aufbauenden Gesteine sind in einem System schmaler Antiklinalen und breiter Synklinalen angeordnet, die sich allmählich gegen das Innere der Tafel hin herausbilden. Nach ihrer strukturellen Stellung, der Formationsreihe der auffüllenden Sedimente, sowie nach den Besonderheiten der tektonischen Entwicklung der Angara-Lena-Randsenke und der Beresow-Senke stellen sie Senkungsgebiete dar, die den Randsenken der späteren geologischen Epochen vollkommen analog sind. Ein wesentlicher Unterschied ist die außerordentlich große Breite, die in der Angara-Lena-Randsenke 300 km erreicht.

In der östlichen Verlängerung der ripheischen Faltenstrukturen des Baikal-Gebietes befindet sich das **Jablonoi-Stanowoi-Antiklinorium** (19). Es umrahmt im Süden den Aldan-Schild der Sibirischen Tafel, zeichnet sich durch einen tiefen Erosionsanschnitt aus und wird von vorwiegend archäischen und proterozoischen metamorphen Schichtenfolgen aufgebaut, in die während früher Intrusionsphasen verschiedenaltrige Granite eindrangen. Die Verbindungszone des Aldan-Schildes mit dem Jablonoi-Stanowoi-Antiklinorium stellte offensichtlich ein System tiefer Brüche dar, an denen die Intrusion der Anorthosite und Gabbro-Anorthosite des Dshugdshur-Gebirges, des Olekma-Beckens und anderer Gebiete erfolgte. An dieser gleichen Zone drangen in den späteren Entwicklungsetappen der ripheischen Faltung beträchtliche granitische Massen empor, mit denen die Bildung eines komplizierten Gebietes von Injektionsgneisen und Migmatiten verbunden ist.

Das **Jenissei-Hebungsgebiet** (22) und **Turuchan-Hebungsgebiet** (23), welche die Sibirische Tafel im Westen umrahmen, unterscheiden sich durch das Fehlen einer Randsenke deutlich von der Baikal-Faltungszone. Das Turuchan-Hebungsgebiet stellt nach Morphologie und Lage eher eine Tafelstruktur dar. Die weiter nördlich gelegene Chantai-Rybnoe-Hebungszone ist ein flacher antiklinaler Wall, in dessen Scheitel die Tunguska-Serie diskordant Ablagerungen vom unteren Karbon bis zum Ordovizium überdeckt.

Im Westteil der Sibirischen Tafel liegt zwischen dem System der Nord-Süd-streichenden Hebungsstrukturen des Jenissei-Gebietes, dem nordwestlichen Teil des Ost-Sajans, der Angara-Lena-Randsenke und dem Anabar-Massiv die große **Tunguska-Syneklise** (25). Sie stellt in der Oberfläche des gefalteten Tafelfundaments ein tiefes aber flach geneigtes Senkungsgebiet dar, dessen Gesteine beträchtliche Mächtigkeiten erreichen. Die ripheisch-silurischen Bildungen bestehen aus tonig-sandigen und karbonatischen Formationen. Die ripheischen Schichtenfolgen erreichen 3—4 km Mächtigkeit, die kambrischen 2—3 km, die ordovizischen und silurischen 0,5 km. Die nicht überall verbreiteten (vorwiegend im Nordwesten) devonischen Bildungen bestehen aus rotgefärbten tonig-mergeligen Schichtenfolgen und teilweise aus marinen Kalken (Mitteldevon) mit einer durchschnittlichen Mächtigkeit von 300—600 m. Die permokarbonische kohleführende Schichtenfolge schwankt in der Mächtigkeit zwischen 100 und 800 m. Eine große Bedeutung im Profil der Tunguska-Syneklise besitzt die Trias, deren untere Horizonte (tuffogene Folge) im Norden 500 bis 700 m, und deren obere (Tuff-Lava-Folge) 1500 m erreichen. Die Gesteine der Tunguska-Serie werden von Lagergängen und diskordanten Körpern basischer Gesteine, den sog. Trappen durchsetzt, die hauptsächlich den Randzonen der Syneklise zugeordnet und hier offenbar mit einem System tiefer Brüche verknüpft sind. Das Alter der Trappe ist untertriadisch. Die spätesten magmatischen Bildungen sind Gänge ultrabasischer Gesteine und mit ihnen zusammenhängende Kimberlitröhren, deren Entstehung wahrscheinlich in den Jura fällt. Teilweise können sie auch noch jünger sein.

Die Tunguska-Syneklise zeichnet sich allgemein durch die flache Lagerung ihrer Gesteine aus. Jedoch bestehen in einigen Gebieten, besonders in der südwestlichen Hälfte auf einem weiten und flachen Senkungsgebiet einzelne Kuppeln, die den Plakantiklinalen der Russischen Tafel ähnlich sind.

Die **Wiljui-Syneklise** (26) besitzt einen wesentlich anderen Bau. Sie stellt eine junge mesozoische Senke dar, die auf einem gefalteten Fundament entstand, das jünger als das der Tunguska-Syneklise ist. Sie läßt in ihrer Entwicklung eine enge Verbindung mit dem zu ihr gehörenden bogenförmigen Ausbiß der Predwerchojansker Randsenke erkennen. Es sprechen Gründe für die Vermutung, daß sie im wesentlichen als eine große, von Brüchen komplizierte Quersenke innerhalb der Sibirischen Tafel aufzufassen ist, die in ihrer Entwicklung mit der Werchojansker Faltungszone eng verbunden ist.

Die Wiljui-Syneklise wird an ihrer Basis von den mehr als 3 km mächtigen Schichtenfolgen des Kambriums, Ordoviziums und Silurs aufgebaut, an deren Zusammensetzung terrigene, salinare und karbonatische Sedimente beteiligt sind. In ihren zentralen Teilen treten zweifellos rotgefärbte, tuffogene Gesteine des Devons und des Karbons mit einer Mächtigkeit bis zu 500 m auf. Permische und triadische Bildungen sind bisher noch unbekannt, ihr Vorhandensein ist jedoch in den zentralen und besonders den östlichen Gebieten mehr als wahrscheinlich. Das jurassische und kretazische System wird von Schichtenfolgen terrigener Gesteine mit hauptsächlich kontinentaler, teilweise auch mit mariner Entstehung vertreten, die lokal kohleführend sind und in vieler Beziehung an die Molasseformation erinnern. Die Mächtigkeit dieser Schichtenfolge erreicht im Zentrum der Syneklise 4 km. Im Gegensatz zur Tunguska-Syneklise fehlen in der Wiljui-Syneklise jegliche Äußerungen eines Vulkanismus.

Die die Wiljui-Syneklise auffüllenden sedimentären Schichtenfolgen sind im allgemeinen schwach gestört. In ihrem axialen Teil werden die Kempendjai-Salzkuppeln ausgeschieden, die in ihren Kernen aus kambrischem Salz bestehen. Im Gebiet der unteren Wiljui sind einige flache brachiantiklinale Falten bekannt.

Eine besondere Stellung in der Struktur der südlichen Randgebiete der Sibirischen Tafel nehmen die mesozoischen Senken mit hauptsächlich jurassischen terrigenen, kohleführenden Schichtenfolgen, aber auch die tiefen jüngeren Senken mit tertiären und quartären Bildungen ein. Zu den erstgenannten älteren Senken gehört ein System relativ flacher, aber breiter Strukturen, die sich längs des Nordfußes des Ost-Sajans (Rybinsker Senke, Kansker Senke, Irkutsker Senke) und weiter östlich innerhalb des Aldan-Schildes (Tschulmansker Senke u. a.) erstrecken. Zur zweiten Gruppe der jüngeren Senken gehören die Baikal-Senke, Bargusin-Senke, Werchneangara-Senke, Tscharsker Senke u. a. Die zuletzt genannten stellen große — gewöhnlich jeweils an einem Flügel von Brüchen gestörte — Strukturen dar, manchmal aber auch echte Gräben. Ihre Entstehung ist mit intensiven jungen Vertikalbewegungen verknüpft, welche die Bildung weiter, tief angelegter Falten in den Scheitelgebieten hervorriefen, und wurde von intensiven Vulkanausbrüchen (Basalte im Becken des Witim-Flusses, des Baikal-Südufers und anderer Gebiete) begleitet.

3. Die Gebiete mit paläozoischer Faltung in der UdSSR

Paläozoische Faltenbaue sind in der UdSSR weit verbreitet. Sie umgürten die Russische Tafel im Südwesten und Süden, bauen die Gebirgsmassive Mittelasiens, Kasachstans und den Ural auf und sind am Aufbau des Fundamentes der Westsibirischen und der Turan-Niederung, der Halbinsel Taimyr und der Gebirge Südsibiriens beteiligt. In den weiten Räumen des Turans, Westsibiriens und einer Reihe anderer Gebiete werden sie von einem Deckgebirge aus verschieden mächtigen mesozoischen und känozoischen Bildungen verhüllt, treten aber in den Gebirgen und den weiten Hochländern zutage.

Innerhalb der paläozoischen Faltungsbildungen werden Zonen mit kaledonischer und Zonen mit variscischer Faltung unterschieden, wenn auch diese Einteilung in der UdSSR schwieriger als in Westeuropa durchzuführen ist.

Die kaledonische Faltung ist bekanntlich in Norwegen und in einer Gebirgszone, die in breitem Bogen die Sibirische Tafel im Süden umgibt, deutlich auszuscheiden. Die den Baltischen Schild der Russischen Tafel im Nordwesten und im Norden umgebenden skandinavischen Kaledoniden sind in einem System flacher Überschiebungen nach Südosten vorbewegt worden, an denen eine tektonische Annäherung der altpaläozoischen Tafelformationen der nordwestlichen Tafelflanke mit den gleichaltrigen allochthonen Geosynklinalbildungen erfolgt.

Die altersmäßig den Kaledoniden nahestehenden Zonen und Gebiete alter Konsolidierung können in den paläozoischen Faltenbauen des Nord-Tjan-Schan und des Westteils Zentralkasachstans sowie in der Taimyr-Nordzone und auf den Inseln von Sewernaja Semlja ausgeschieden werden. Jedoch sind ihr Aufbau, ihre Entwicklungsgeschichte sowie die Wechselbeziehungen mit den umrahmenden variscischen Faltenbauen derart eigentümlich, daß sie zusammen mit den letzteren betrachtet werden müssen.

Durch eine Reihe spezifischer Besonderheiten zeichnen sich auch die Kaledoniden Südsibiriens aus. Auf der Tektonischen Karte werden ihnen zugerechnet: der südwestliche Teil des Ost-Sajans, das Chamar-Daban-Gebirge, Prikossogolje, Sangilen und die benachbarten Gebiete der nördlichen Mongolei, die Bruchfaltenstrukturen des Tuwinischen Gebietes, der West-Sajan, der Kusnezker Alatau, die Gornaja Schora und der Salair sowie die trennenden großen Zwischengebirgssenken, die Tschulym-Jenissei-Senke, die Syda-Jerba-Senke, die Minussinsk- und die Uss-Senke, sowie die Tuwa- und Uimen-Lebed-Senke.

Von der südwestlichen Randzone der Sibirischen Tafel sind die Kaledoniden durch den Ausstrich der Fundamentgesteine im Ost-Sajan getrennt, der in der Struktur der Tafel ein randliches Hebungsgebiet darstellt. Dieser häufig als Hauptantiklinorium des Ost-Sajans oder als Protero-Sajan bezeichnete Ausstrich ist mit der kaledonischen Struktur der Südwestflanke des Ost-Sajans durch eine Tiefenstörung verbunden, die sich Nordwest-Südost von der Stadt Krasnojarsk bis zum Südwestende des Baikal-Sees entlangzieht.

Innerhalb des kaledonisch gefalteten Gebietes Südsibiriens lassen sich wegen der Hebung und des tiefen Erosionsanschnittes die Tiefenstörungen, an denen in allen Faltengebieten die Verbindung der großen Strukturelemente erfolgt, besonders gut erkennen. Durch eine derartige lange Störung wird die Grenze des West-Sajans und der Tuwa festgelegt. Ein anderer großer Bruch verläuft an der Nordgrenze des West-Sajans und trennt ihn von der Minussinsk-Senke und den Strukturen der Gornaja Schora. Ferner läßt sich eine Störung längs der Westgrenze des Kusnezker Alatau und der Strukturen der Gornaja Schora gut verfolgen. Im Südwesten erfolgt an einem großen Bruch eine scharfe Grenze zwischen den für die Tuwa-Senke charakteristischen Nordost-Südwest-streichenden Strukturen und den Nordwest-Südost-streichenden des östlichen Tannu-ola-Gebirgszuges und des Ost-Tuwa-Hochlandes. Der östliche Tannu-ola grenzt mit einer Störung an das Sangilen-Gebirge.

Der langandauernde Entwicklungscharakter der Tiefenstörungen in den sibirischen Kaledoniden wird in vielen Fällen durch den scharfen Unterschied der stratigraphischen Profile beiderseits der Störungen bewiesen, wobei dieser Unterschied sowohl die Mächtigkeit als auch die Fazies betrifft. Außerdem drangen während der frühen Entwicklungsstadien der Brüche im Unterkambrium hyperbasitische Intrusionen auf, wie überhaupt in diesen Zonen ein intensiver Magmatismus wirksam war.

Ein weiterer charakteristischer Zug im Bau der Kaledoniden Südsibiriens ist die unterschiedliche Entwicklungsdauer der verschiedenen Zonen und Bereiche.

Am ältesten sind die Kaledoniden des Ost-Sajans, des östlichen und südöstlichen Tuwa-Gebietes, des Kusnezker Alatau und der Gornaja Schora. Ihre geosynklinale Entwicklung umfaßt das gesamte Proterozoikum (einschließlich Ripheikum) und endet im Kambrium, genauer anscheinend zu Beginn des Oberkambriums.

In den Kaledoniden des **Ost-Sajans** (28) sind metamorphe Schichtenfolgen des unteren Proterozoikums (Graphitmarmore, Streifenmarmore, kristalline Schiefer) und schwächer metamorphe Gesteine der ripheischen sog. Kuwai-Serie (schwarze und helle Quarzite, Quarzglimmerschiefer, Marmorhorizonte u. a.) weit verbreitet. Die Kuwai-Serie liegt auf dem unteren Proterozoikum lokal konkordant, stellenweise jedoch mit einer scharf ausgebildeten Diskordanz. Die ripheischen Ablagerungen werden ihrerseits von den kambrischen durch eine Schichtlücke oder eine Winkeldiskordanz getrennt. Diese Diskordanz ist deutlich sichtbar im nordwestlichen Ost-Sajan, am Unter- und Mittellauf des Mana-Flusses, weiter südöstlich im Quellgebiet des Flusses Kasyr, an den linken Nebenflüssen der Oka (an der Wasserscheide der Tissa und des Sarchoi), sowie in der Tuwa und im Becken des Flusses Choral. Die kambrischen Ablagerungen werden aus der effusiven Grünschiefer-Formation mit darin weit verbreiteten Linsen und Horizonten von Riffkalken mit Archäocyatiden gebildet. Somit äußerte sich im Ost-Sajan die Baikal-Faltung deutlich am Ende des Präkambriums; nicht weniger scharf ist auch die kambrische Faltung ausgebildet.

Die sauren Intrusivkomplexe des Ost-Sajans gehören altersmäßig drei Gruppen an: der präkambrischen, der altpaläozoischen (an der Basis anscheinend ordovizischen) und der mittelpaläozoischen. Tiefengesteine der letzten Gruppe intrudieren in den Effusivkomplex des Unterdevons und treten in den Geröllen der mitteldevonischen roten Konglomerate auf.

Im **Kusnezker Alatau** (30) ist die Verbindung der ripheischen und kambrischen Ablagerungen enger. Hier fällt die Hauptfaltung wahrscheinlich in das Kambrium. Das Kambrium ist im Kusnezker Alatau, in der Gornaja Schora, im südlichen Tuwa-Gebiet (östlicher **Tannu-ola** (31)) und teilweise im östlichen Tuwa-Gebiet außerordentlich weit verbreitet und wird hauptsächlich von Grünstein-Effusiva, Tuffen, Tuffkonglomeraten, Kalken, kieseligen Gesteinen und Schiefern vertreten, die altersmäßig vorwiegend der unteren Abteilung angehören. Die sauren Intrusivgesteine gehören auch hier ebenfalls hauptsächlich der präsilurischen und wahrscheinlich der vorordovizischen Zeit an, d. h. sie sind altkaledonisch.

Im **West-Sajan** (29) und im **Salair** (32) herrschten die geosynklinalen Verhältnisse länger als in den oben beschriebenen Gebieten. Das Profil der Geosynklinalformationen dieser Bereiche umfaßt die Zeit vom Präkambrium bis mindestens zum mittleren Ordovizium.

Im West-Sajan erscheint in den Kernen der Antiklinorien eine stark metamorphe präkambrische Schichtenfolge, die aus schichtparallel und transversal mit Quarz injizierten verschiedenen kristallinen Schiefern besteht. Innerhalb dieser Schiefer treten örtlich Jaspilite[1] auf. Das Unterkambrium der südlichen und nördlichen Flanke des West-Sajans wird von einer effusiven Schiefer-Spilit-Keratophyr-Formation mit Trilobiten- und Archäocyatidenkalk-Horizonten vertreten. Örtlich ist Mittelkambrium entwickelt, das sich aus karbonatischen Gesteinen, Schiefern und Effusiva zusammensetzt.

Höher liegt die Alassug-Serie, die in einigen Gebieten auch als Kurtuschiba- oder Ashik-Serie bezeichnet wird. Sie wird aus flyschartigen grünlich-grauen, tonigmergeligen schiefrigen Gesteinen und geschieferten Aleuriten[2] aufgebaut, an deren Basis häufig Konglomerate beobachtet werden. In der Regel ist die Mächtigkeit dieser Serie groß (von 2 bis 5 km). Während aus den oberen Teilen eine arme Fauna des unteren Ordoviziums bekannt geworden ist, können die unteren Horizonte oberkambrisches Alter haben. Das Geosynklinalprofil des West-Sajans schließt mit grünen und roten Sandsteinen. Sie enthalten Lagen von Argiliten[3], Schiefern und Kalklinsen mit einer reichen mittelordovizischen Fauna. Die Mächtigkeit dieser ganzen Serie erreicht 2 km. Alle beschriebenen Ablagerungen werden von granitischen Gesteinen durchsetzt. Ein ähnlicher Charakter des Profils ist im Salair zu beobachten.

In struktureller Beziehung stellt der West-Sajan ein kompliziertes Faltensystem dar, in dem auf der Tektonischen Karte folgende Einheiten ausgeschieden sind: das West-Sajan- (oder Dshebasch-) und das Kurtuschiba-Antiklinorium sowie das zwischen ihnen gelegene Uss-Synklinorium.

Die letzte Entwicklungsetappe der Kaledoniden Südsibiriens ist durch die Bildung großer Innensenken und vorgezeichneter Einwölbungen über einem verschiedenaltrig gefalteten Untergrund gekennzeichnet. Zu den erstgenannten werden folgende Senken gezählt: die Tschulym-Jenissei-, die Syda-Jerba-, die

[1] Jaspilit = nach dem Geologischen Wörterbuch (Moskau 1955) ein feingeschichtetes Quarz-Magnetit- oder Quarz-Hämatit-Gestein, in dem Quarzlagen mit Hämatit- oder Magnetitlagen wechsellagern. Die Dicke der Lagen überschreitet nicht 2 mm. Anm. d. wiss. Red.

[2] Aleurit = nach dem Geologischen Wörterbuch (Moskau 1955) ein lockeres, klastisches Sedimentgestein, das mit einer vorherrschenden Korngröße von 0,1—0,01 mm zwischen Sandsteinen und Tongesteinen liegt. Es entspricht etwa dem Silt. Anm. d. wiss. Red.

[3] Argilite = nach dem Geologischen Wörterbuch (Moskau 1955) eine Gruppe fester Tongesteine, welche im Wasser nicht aufquellen. Sie bilden sich durch Verfestigung, Dehydratation und Zementation bei der Diagenese oder bei beginnender Metamorphose aus Tonen oder tonigen Sedimenten. Anm. d. wiss. Red.

Minussinsk- und die Uss-Senke. Vorgezeichnet sind auch die Tuwa- und die Uimen-Lebed-Senke.

Die im Umriß fast isometrischen Senken haben im Vergleich zu den vorgezeichneten Einwölbungen einen einfacheren inneren Bau. Ihre Profile sind weniger vollständig und manchmal auch geringmächtiger. Das Alter ihres gefalteten Untergrundes ist in der Regel innerhalb des gesamten Verbreitungsgebietes gleich.

Umgekehrt ist für die Tuwa-Senke folgendes charakteristisch: Verschiedenartigkeit des gefalteten Untergrundes; Asymmetrie des Aufbaues, die sich in der allgemeinen Senkenstruktur und besonders in der räumlichen Verteilung der Formationen äußert; große Mächtigkeit und Vollständigkeit des Profils; bedeutend kompliziertere innere Tektonik und allgemein gestreckte Form.

Sowohl in den aufgesetzten Senken wie in den vorgezeichneten Einwölbungen wird das Deckgebirge von den Gesteinen des Fundamentes durch eine Sedimentationslücke und durch eine große Winkeldiskordanz getrennt; allerdings ist diese Lücke in den Einwölbungen geringer.

Die nördlicheGruppe der Senken(Tschulym-Jenissei-,Syda-Jerba- und Minussinsk-Senke) wurde zu Beginn des Devons angelegt; in Verbindung damit entstanden lange, verschieden gerichtete Brüche, die das frühpaläozoisch gefaltete Fundament in einzelne Blöcke zerlegten. Die Anlage dieser Senken begann mit der Häufung mächtiger kontinentaler, vorwiegend rotgefärbter effusiver Schichtenfolgen. Stellenweise wechsellagern die Effusiva mit grobklastischen rotgefärbten Gesteinen. Seit dem Beginn des Mitteldevons häufte sich in den Senken eine rotgefärbte, überwiegend kontinentale und nur örtlich marine Molasse an, die im oberen Teil des Profils von grauen terrigenen Schichtenfolgen des Unterkarbons und von kohleführenden Ablagerungen des unteren Perms abgelöst wird. Die devonische rote Molasse entspricht in ihrem Charakter vollkommen dem „Old red“ der westeuropäischen Kaledoniden.

Die Tuwa-Senke wurde im Silur angelegt und setzte die Entwicklung im mittleren und oberen Paläozoikum bis zum Ende des Karbons fort. Zu den oben beschriebenen, die Minussinsk-Senke ausfüllenden Formationen kommen hier im Liegenden tonig-karbonatische, teilweise flyschartige marine epikontinentale Flachwassergesteine silurischen Alters hinzu. Innerhalb der devonischen Molasse sind stellenweise salzführende Ablagerungen verbreitet, während kohleführende Gesteine im Vergleich zu der Minussinsk-Senke früher, bereits im mittleren und oberen Karbon erscheinen.

Die charakteristische effusiv-terrigene rote Formation ist in den verschiedenen Senken und Einwölbungen nicht gleichaltrig. Am frühesten (am Ende des Silurs) begann ihre Bildung im Tuwa-Senkungsgebiet, später (im Unterdevon) erfolgte sie in der Uss-Senke, der Minussinsk-Senke und in den benachbarten Senken, noch später (im Mitteldevon) in der Uimen-Lebed-Senke.

Die Dislokationen aller Innensenken und -einwölbungen besitzen einen Bruchfaltencharakter. In den Senken ist dieser am Rande der umgebenden großen Hebungsgebiete schärfer entwickelt. In den inneren Teilen der Senken ist er schwächer ausgebildet und tritt in Form von Verwerfungen, Flexuren, Kuppeln, flachen Mulden und Kofferantiklinalen auf. Durch mehr oder weniger große Hebungszonen werden die Senken in eine Reihe kleinerer Strukturen geteilt. So wird die Tschulym-Jenissei-Senke von der antiklinalen Hebungszone des Solgonsker Höhenzuges und der Kupjewo-Kuppel in die südliche Tschebakowo-Balachta- und in die nördliche Nasarowo-Senke geteilt.

Das vorgezeichnete Senkungsgebiet besitzt einen komplizierten inneren Bau. Das Auftreten der Bajangol-Hebungszone im Zentralteil ermöglicht eine Gliederung in drei Teile: in die zentrale Ulug-Chemsker, in die südwestliche Chemtschiksk-Ubsunursker und in die nordöstliche Bii-Chemsker Struktur. Für den zentralen Teil des Senkungsgebietes sind zahlreiche Sedimentationslücken und Winkeldiskordanzen sowie die geringe Mächtigkeit einer Reihe von Profilhorizonten charakteristisch; alle Strukturen haben hier eine eckige, blockförmige oder brachygefaltete Gestalt. Umgekehrt treten im südwestlichen Teil des Senkungsgebietes die maximalen Sedimentmächtigkeiten auf und die Sedimentationslücken sind weniger scharf ausgebildet oder fehlen ganz, während die Dislokationen häufig lineare Form erkennen lassen.

Die effusive rote Formation der nördlichen Senken wird von Nephelingesteinen durchsetzt, während in die jüngeren Ablagerungen lediglich basische Gesteine gangförmig eindrangen. Aus der Tuwa-Senke sind kleine Granitkörper bekannt, während mitteldevonische Intrusionen von Diabasporphyriten, Gabbrodiabasen, Dioriten und Quarzdioriten weiter verbreitet sind.

Die variscische Faltung. Die Übersicht der Verteilung der variscischen Faltung beginnt mit dem Altai, Zentralkasachstan und dem Tjan-Schan.

Altai, Zentralkasachstan uud Tjan-Schan. Die zwischen dem präkambrischen Tarim-Massiv und den Kaledoniden des Südrandes der Sibirischen Tafel liegenden paläozoisch gefalteten Strukturen werden deutlich in zwei große Zonen unterteilt, die sich durch das Faltungsalter unterscheiden.

Die mittlere, den Westteil Zentralkasachstans und die nördlichen Bögen des Tjan-Schans umfassende Zone zeichnet sich durch den Abschluß der geosynklinalen Entwicklungsverhältnisse im Silur aus und kann deshalb zu den Bildungen der kaledonischen Faltung gerechnet werden. Die zur kaledonischen Faltung symmetrisch liegenden südlichen Bögen des Tjan-Schans, ebenso wie auch die östlichen Teile Zentralkasachstans, der Dshungarei-Alatau und der Altai stellen variscische Faltenbaue dar.

Die alten Falten der **nördlichen Zone des Tjan-Schans** (34) und der **westlichen Zone Zentralkasachstans** (33) werden von archäischen und proterozoischen hochmetamorphen Gesteinen gebildet, die die Kerne der großen Antiklinorien zusammensetzen (Koktschetau-, Ulutau-, Betpakdala-, Karatau-Antiklinorium u. a.). Die Flanken dieser Hebungsgebiete werden von ripheischen und kambrischen Gesteinen gebildet. In den Einwölbungen sind mächtige, teilweise terrigene Schichtenfolgen des Ordoviziums entwickelt, dessen obere Horizonte im Norden (Kalmyk-Kulsk- und Stepnjak-Synklinorium) Flyschcharakter erkennen lassen. Das Silur, im nördlichen Tjan-Schan auch das Devon, fehlt in der Regel in den Grenzbereichen der Innenzone. In Zentralkasachstan werden das untere und mittlere Devon von terrestrischen, vulkanogenen Schichtenfolgen vertreten, die scharf diskordant auf der Oberfläche der stark erodierten kaledonischen Bildungen liegen. In die alten Faltenkomplexe intrudierten ultrabasische Gesteine, Granodiorite und Granite prä-unterdevonischen Alters. Die devonischen vulkanogenen Schichtenfolgen werden von mächtigen mitteldevonischen Granitintrusionen durchsetzt.

Die obere Strukturstufe der mittleren Zone wird von oberdevonischen, karbonischen und permischen Ablagerungen gebildet. Das ist ein außerordentlich charakteristischer Komplex sedimentärer, im nördlichen Tjan-Schan auch effusiver Formationen. In Zentralkasachstan liegt an seiner Basis Molasse der Frasne-Stufe, höher folgen marine karbonatische Schichtenfolgen der Famenne-Stufe und des Unterkarbons, und auf ihnen schließlich — häufig mit scharf ausgebildeter Diskordanz — jungpaläozoische Molasse. Die großen Innensenken (Tenis-, Dsheskasgan-, Tschu-Senke u. a.) werden von der oberen Strukturstufe gefüllt. Innerhalb dieser Senken sind ebenso wie an ihren Rändern Schollendislokationen (Flexuren, Kuppeln, unregelmäßige Mulden) weit verbreitet. Nach dem Charakter ihres Aufbaues erinnern sie in vielem an die Innensenken der kaledonischen Zone Südsibiriens (Tschulym-Jenissei-Senke u. a.).

Das Gebiet des Dshungarai-Alataus, der **östlichen Zone Zentralkasachstans** (38) und des **Altais** (37) besteht aus einer Reihe von Antiklinorien und Synklinorien, die sich nach Nordwesten verbreitern, auseinanderlaufen und sich nach Südosten nähern. Die Antiklinorien dieses Gebietes (Dshungarai-, Tschingis-, Akbastau-, Tekturmas-, Terekta-, Taliza-Antiklinorium und viele andere) enthalten in ihren Kernen Gesteine des Altpaläozoikums, Ripheikums und mittleren Proterozoikums, die in ein System komplizierter, teilweise fiederförmiger Falten gelegt sind. Die Flanken der Antiklinorien werden aus etwas einfacher gefalteten silurischen und devonischen Gesteinen aufgebaut.

Die zwischen den Antiklinorien gelegenen großen Synklinorien bestehen aus vulkanogenen und sedimentären Schichtenfolgen der oberen Horizonte des Devons, des Karbons und des Perms, deren Mächtigkeiten einige zehn Kilometer erreichen. Besonders zeichnet sich das System der Semipalatinsker Einwölbungen und des Nordbalchasch-Synklinoriums aus, deren Profile am vollständigsten und mächtigsten sind. Die vulkanogenen geosynklinalen Formationen sind hier im gesamten Profil des Paläozoikums bis zum Perm, möglicherweise sogar bis zur unteren Trias einschließlich, anzutreffen. Diese Synklinorien stellen Geosynklinalbereiche dar, in denen sich die geosynklinalen Entwicklungsverhältnisse am längsten erhielten. Im Nordwesten wurde im Karaganda-Synklinorium und in den benachbarten Senken im oberen Paläozoikum eine sehr mächtige (bis 6 km) kohleführende Formation abgelagert, die von Bildungen unterlagert wird, die dem westeuropäischen Kulm ähnlich sind.

Innerhalb der variscischen Zone Kasachstans und des Altais ist sowohl ein effusiver als auch intrusiver Vulkanismus weit verbreitet. Hier treten Zonen alter (möglicherweise ripheischer) ultrabasischer Intrusiva, devonische und mittelkarbonische granitische Gesteine, aber auch jüngere Granitmassive hervor, die in eine vulkanogen-sedimentäre karbonische Schichtenfolge eindrangen.

Im Aufbau des Altais, Zentralkasachstans und des Tjan-Schans spielen tiefreichende Bruchzonen mit lang andauernder Entwicklung eine große Rolle: Karatau-, Dshalair-Naiman-, Uspenskoje-, Irtysch-Bruchzone u. a. Sie bestimmen die Hauptgesetzmäßigkeiten in der Verteilung des Magmatismus und der Erzbildungen.

Eine charakteristische Besonderheit im tektonischen Bau Zentralkasachstans ist die Unbeständigkeit im Streichen. Hier sind in verschiedenen Räumen Strukturen entwickelt, von denen die einen in nord-südlicher, andere in nordöstlicher, wieder andere in nordwestlicher Richtung verlaufen. Das ist einer der Unterschiede zwischen Zentralkasachstan und Ural, dessen Strukturen ja durchgehend der Nord-Süd-Richtung folgen.

Die Kaledoniden des westlichen Zentralkasachstans und des nördlichen Tjan-Schans stellen eine Zone früher Konsolidierung innerhalb des paläozoischen Ural-Sibirischen Geosynklinalgebietes dar. Diese Strukturen bildeten eines jener Zentren, in denen das Ausklingen der Geosynklinalepoche begann, welches später auch auf die benachbarten tektonischen Zonen übergriff. Die Grenze zwischen den Varisciden des Altais und den Kaledoniden Südsibiriens wird durch die Lage des Anui-Tschu-Synklinoriums festgelegt, jedoch besitzt dieses Synklinorium nicht die strukturellen Eigenschaften einer Randsenke, deren Bildung wir mit Recht auf dem kaledonisch gefalteten Untergrund längs des Variscidenrandes erwarten würden.

Als wahrscheinliche Verlängerung des Altai-Faltensystems gilt die **Tomsk-Kolywan-Faltenzone** (35), die im Norden die kaledonischen Falten des Salairs abschneidet. Der allgemeine Profilcharakter dieser Zone weist hier auf das Vorhandensein eines recht tiefen und komplizierten Senkungsgebietes am Ende des mittleren Paläozoikums hin, das später von der variscischen Faltung erfaßt wurde. Quer zur Tomsk-Kolywan-Faltenzone liegt keilförmig zwischen dem Salair und dem Kusnezker-Alatau die große und tiefe **Kusnezk-Senke** (36). Diese in ihrem Bau sehr eigentümliche Depression hat den Charakter einer auf kaledonisch gefaltetem Untergrund entwickelten randlichen Quersenke der variscischen Faltung. Die lange Bildungszeit und die gewaltigen Mächtigkeiten der kohleführenden Formationen, deren obere Horizonte dem Perm angehören, sowie das völlige Fehlen von Spuren einer magmatischen Tätigkeit unterscheiden die Kusnezk-Senke deutlich von den weiter östlich gelegenen Minussinsk- und anderen Senken und ihr variscisches Alter kann keinem Zweifel unterliegen.

Die variscischen Faltenbaue der **südlichen Zone des Tjan-Schans** (39) werden von der mittleren kaledonischen Zone durch ein System tiefer Brüche, die einen gewaltigen, nach Süden schwach konvexen Bogen bilden, scharf getrennt. An diesem System erfolgt ein scharfer Wechsel des Profiltyps der mittel- und jungpaläozoischen Bildungen. Mächtige effusive, schieferige und karbonatische Formationen des Silurs, Devons und Karbons sind hier weit entwickelt und bauen das Alaisker, das Turkestanische, das Serawschansker, das Kokschaalsker und andere

Gebirge des südlichen Tjan-Schans auf. In großen Senken (Surmetasch-, Karatschatyr-Senke u. a.) erreichen jungpaläozoische grobe Molassen gewaltige Mächtigkeiten. Große variscische (mittelkarbonische) Granitmassive sind im Gissar, im Alai und im Bezirk Taschkent bekannt.

Der variscische Komplex wurde als Ergebnis der karbonischen und späterer Bewegungen in ein System breiter Falten gelegt. Neben den in den Senkungsgebieten vorherrschenden relativ einfachen Störungsformen sind auch Zonen äußerst intensiver Faltung vorhanden. Innerhalb der großen antiklinalen Hebungsgebiete äußerten sich die spätvariscischen Bewegungen in Form von Bruchstörungen und durch das Erscheinen alkalischer und subalkalischer Intrusionen.

Ural und Nowaja Semlja. Der **Ural** (40) ist ein Beispiel für eines der größten linear angeordneten Faltensysteme mit sehr beständigem Streichen der Hauptstrukturelemente. Sehr charakteristisch ist die große Beständigkeit der Profile im Streichen des Faltensystems bei schnellstem Wechsel quer zum Streichen der Strukturen. Viele im Südural entwickelte Schichtenfolgen unterscheiden sich in ihrem lithologischen Charakter nicht von den gleichaltrigen Schichtenfolgen der entsprechenden tektonischen Zonen des polaren Urals.

In einem Ost-West-Profil durch den Ural lassen sich nicht weniger als drei Reihen geosynklinaler Senken ausscheiden, die von geoantiklinalen Hebungszonen getrennt werden. Diese Senkungs- und Hebungsgebiete unterscheiden sich wesentlich voneinander durch den Charakter ihrer Profile, den Magmatismus und den Metamorphosegrad der Gesteine und werden deshalb in der geologischen Literatur des Urals nicht selten als einzelne, verschieden benannte tektonische „Zonen“ ausgeschieden.

Bei einer allgemeineren Strukturanalyse des Urals können die Faltenzüge in zwei Zonen gegliedert werden: in die westliche und in die östliche.

Die westliche Zone des Urals besteht aus einem System großer Hebungs- und Senkungsgebiete mit unterschiedlichem Bau. In den großen Hebungszonen (Baschkirisches Antiklinorium, Kolwa-Wischera-Antiklinorium) treten die sedimentären, schwach metamorphen Schichtenfolgen des Ripheikums, deren Mächtigkeit 10 km überschreitet, an die Oberfläche. Dabei sind Konglomerate, Sandsteine und Kalksteine weit verbreitet. Das klastische Ausgangsmaterial der ripheischen terrigenen Gesteine wurde von den benachbarten Gebieten der Russischen Tafel, wahrscheinlich hauptsächlich vom Gebiet der heutigen Wolga-Ural-Anteklise, abgetragen. Nach Osten (Uraltau-Antiklinorium) ändert sich der Aufbau dieser Schichtenfolgen. Hier beginnen unvermittelt Schiefer und verschiedene vulkanogene Bildungen; Metamorphosegrad und Faltungsintensität nehmen in der gleichen Richtung zu. Während in der Nähe der Russischen Tafel gewöhnlich enge Falten mit großer Amplitude auftreten, sind für das Uraltau-Antiklinorium eng zusammengedrückte, fast isoklinale, nach Westen (mittlerer und nördlicher Ural) oder nach Osten (südlicher und polarer Ural) überkippte Falten charakteristisch. Auch die Faltenform im Grundriß ändert sich von Westen nach Osten. Während die Falten in der Nähe der Tafel bogenförmig angeordnet sind —

besonders deutlich im Gebiet des sog. Amphitheaters von Ufa — werden sie in den östlicheren Teilen gerader und verlaufen linear in Nord-Süd-Richtung.

Die Antiklinorien der westlichen Zone werden von großen Synklinorien geteilt (Silair-, Lemwa-Synklinorium u. a.), die von typischen paläozoischen Geosynklinalserien erfüllt sind: Schiefer, Grauwacken und untergeordnet Schichtfolgen vulkanischer Gesteine, in den höheren Horizonten (Karbon bis unteres Perm) auch Flyschsedimente. Nach Westen, in Richtung auf die Tafel, werden diese Formationen unvermittelt von wesentlich geringer mächtigen karbonatischen Serien (Devon, Karbon) abgelöst, die im Profiltyp gleichartigen Bildungen der Russischen Tafel ähnlich sind. Offensichtlich ist diese scharfe Faziesgrenze mit einem tiefreichenden Bruchsystem verknüpft, das eine lange Entwicklung durchgemacht hat und insgesamt eine Randnaht darstellt, die den Ural von der Russischen Tafel trennt.

In der westlichen Zone haben die Intrusionen nur eine sehr begrenzte Verbreitung. Zu ihnen gehören: ultrabasische Körper im Silair-Synklinorium (Großer und Kleiner Kraka, kleine Massive im Schaitantau-Gebirge), kleine quer zum Streichen verlaufende Gabbro-Diabas-Intrusionen, seltene kleine Massive saurer und alkalischer Gesteine (Berdjausch-Granitmassiv vom Typus des Rapakiwis und jüngere Nephelinsyenit-Intrusionen im mittleren Ural; Granitmassive des nördlichen und polaren Urals).

Das Pai-Choi-Gebirge und Nowaja-Semlja haben im allgemeinen den gleichen Bautyp wie die westliche Zone des Urals. Innerhalb der diese Gebirge aufbauenden Gesteine herrschen die Sedimente deutlich vor. Die Falten sind in der Regel nach Westen überkippt.

Die östliche Zone des Urals ist im ganzen relativ zur westlichen abgesunken, so daß die präkambrischen und altpaläozoischen Ablagerungen hier gewöhnlich tief versenkt liegen. Hauptbesonderheit dieser Zone ist die äußerst starke Entwicklung verschiedenartiger magmatischer Erscheinungen.

Im westlichen Teil der Ostzone des Urals erstreckt sich in einem fast geschlossenen Streifen ein System großer und schmaler Synklinorien (Synklinorium von Magnitogorsk, Tagil, Schtschutschinsk im polaren Ural u. a.). Sie sind mit vulkanogenen Gesteinen des Silurs, Devons und teilweise des unteren Karbons angefüllt, mit denen lokal große riffartige karbonatische Gesteinskomplexe verknüpft sind. In den oberen Teilen des Profils (vom Oberdevon aufwärts) erlangen Grauwacken eine große Bedeutung und im Unterkarbon erscheinen manchmal flyschartige Ablagerungen. Somit erfolgt längs des Uraltau ein ausgeprägter Formationswechsel im Paläozoikum der westlichen und östlichen Zone. Offensichtlich hängt diese Tatsache mit einem System tiefer Brüche an der Grenze zwischen der westlichen und östlichen Zone des Urals zusammen. Sie lassen sich an der Oberfläche durch einen Gürtel von Hyperbasiten, Gabbros, Quarzdioriten und Plagiograniten[1] festlegen. Diese Intrusionen sind mit den vulkanogenen Bildungen der Synklinorien genetisch verknüpft und man kann annehmen, daß die Förderkanäle durch ein

[1] Vgl. Fußnote S. 21.

System von Tiefenbrüchen vorgezeichnet waren. Längs des Ostrandes der oben aufgezählten Synklinorien erstreckt sich möglicherweise eine zweite, weniger aushaltende Zone tiefer Brüche vom gleichen Typus. Im Gebiet einer Querumbiegung, welche die Synklinorien von Magnitogorsk und Tagil trennt, befinden sich die bekannten Nephelinsyenit-Massive des Ilmengebirges.

Östlich des Synklinoriums von Tagil im Südural liegt das große Hebungsgebiet des Ural-Tobol-Antiklinoriums. Unter silurischen und jüngeren Ablagerungen des gleichen Typus wie in den Synklinorien, nur mit einer geringeren Mächtigkeit und in einige von Schichtlücken getrennte Folgen zerfallend, erscheinen metamorphosierte schiefrige und vulkanogene Ablagerungen des Silurs, Ordoviziums, Kambriums und Präkambriums, die teilweise bis zu kristallinen Schiefern und Gneisen metamorphosiert sind. Das Ural-Tobol-Antiklinorium zeichnet sich durch eine weite Verbreitung variscischer und älterer granitischer Massive sowie durch kleine Hyperbasitintrusionen aus.

Östlich des Ural-Tobol-Antiklinoriums tritt im Flußbecken des Tobols unter dem mesozoischen und tertiären Deckgebirge das Ajat-Synklinorium an die Oberfläche, das in vieler Beziehung Ähnlichkeiten mit dem Synklinorium von Tagil und Magnitogorsk aufweist, sich von ihnen jedoch durch die weite Verbreitung von Granitmassiven und das Auftreten beträchtlicher Bereiche alter metamorpher Gesteine unterscheidet. Die Entwicklung dieses Senkungsgebietes erfolgte schneller, denn die Grauwackenfolgen erschienen hier mit Beginn des Mitteldevons.

Das Ajat-Synklinorium und der nördliche Teil des Ural-Tobol-Antiklinoriums werden in ihren größeren Teilen von einer kompakten Tafeldecke mesozoischer und tertiärer Sedimente überdeckt, unter denen die alten Gesteine nur durch Tiefbohrungen erreichbar sind (siehe weiter unten).

In einigen Gebieten des Urals treten starke Abweichungen von dem vorherrschenden Nord-Süd-Streichen auf. Das bekannteste Gebiet derartiger Abweichungen ist das Amphitheater von Ufa, das sich vor dem in den Ural hineinragenden Hebungsbereich der Russischen Tafel (Wolga-Ural-Anteklise) bildete. An dieser Stelle verengt sich die westliche Zone des Urals stark und die Strukturen bilden im Grundriß eine Krümmung, an der verschiedene Streichrichtungen, bis nahezu Ost-West, erscheinen. In der östlichen Zone bleibt das Nord-Süd-Streichen im allgemeinen erhalten, jedoch entsteht zwischen dem Synklinorium von Tagil und Magnitogorsk ein Quersattel.

Eine zweite, etwas schwächer ausgebildete Umbiegung, die möglicherweise der von Ufa ähnlich ist, bilden die Strukturen der westlichen Zone des Urals (in der Höhe von Aktjubinsk) gegen den im Meso-Känozoikum abgesunkenen, aber offensichtlich im Paläozoikum bereits vorhandenen Chobda-Vorsprung des Fundamentes der Russischen Tafel (innerhalb der heutigen Prikaspi-Syneklise).

Nördlich des Urals wechselt das Nord-Süd-Streichen in nordöstliche bis fast ost-westliche Richtung, noch weiter nördlich wiederum in nord-südliche und nordwestliche (Pai-Choi-Richtung) Richtung. Dieses knieförmige Umbiegen des Faltenstreichens hat andere Ursachen als das im Amphitheater von Ufa und Aktjubinsk. Es ist mit einem System großer und komplizierter Brüche verknüpft, das in den

Strukturen der östlichen Zone des Urals noch schärfer ausgebildet ist als im Westen. Auf Nowaja Semlja erfolgt der Wechsel vom nordwestlichen zum nordnordöstlichen Streichen in analoger Weise, allerdings ist der Aufbau dieses Bereiches einfacher.

Viele Hypothesen wurden zur Frage der unter der Erdoberfläche verlaufenden südlichen und der submarinen nördlichen Fortsetzung des Urals aufgestellt. Es kann jetzt als wahrscheinlich angesehen werden, daß das jungpaläozoische Faltensystem des Urals nach Süden ausklingt, im Gebiet des heutigen südlichen Mugodshar abtaucht und sich weder mit dem Donbass noch mit dem Tjan-Schan vereinigt. Vom Gebirgsbau des Tjan-Schans wird der Ural offensichtlich durch einen breiten Streifen jungpaläozoischer Molassen getrennt, der in östlicher Richtung über den nördlichen Ustjurt und den Aral-See in die nördliche Kysyl-Kum verläuft. Im äußersten Norden des polaren Urals und im Pai-Choi-Gebirge wird ebenfalls das Abtauchen einer Reihe großer Strukturelemente beobachtet, das wahrscheinlich als Anzeichen für das Erlöschen des gesamten Faltensystems auch in dieser Richtung betrachtet werden kann.

Der Faltenbau des Urals wird von der Russischen Tafel durch ein System tiefer Senken — die **Vorural-Randsenke** (42) — getrennt. Ihre Anlage erfolgte während der letzten Entwicklungsetappen der Geosynklinalherrschaft im Ural (Oberkarbon — unteres Perm). Ihr Ende fällt mit dem Abschluß der gebirgsbildenden Bewegungen der variscischen Epoche (Ende der unteren Trias) zusammen. Alle Teilsenken der Vorural-Randsenke besitzen eine recht scharf ausgebildete asymmetrische Form, unterscheiden sich jedoch voneinander durch ihre Entwicklungsgeschichte, ihre Mächtigkeit und den Charakter ihrer Profile.

Die südlichste Belaja-Senke ist im Tschkalow-Aktjubinsker Vorural mit einem außerordentlich mächtigen (nicht weniger als 9—10 km), sehr kompliziert aufgebauten Komplex oberkarbonischer, permischer und untertriadischer Ablagerungen erfüllt. Das Oberkarbon und die unteren Teile des Perms werden am Ostrand der Senke von mariner, graugefärbter Molasse, und am Westrand von Kalken vertreten, während die Kungur-Stufe aus einer mächtigen salinaren Schichtenfolge besteht. Im oberen Perm und in der unteren Trias folgt eine kontinentale rote Molasse, die im Osten am Fuß des Urals in einigen Horizonten sehr grob ausgebildet ist. Die Zusammensetzung dieser Gesteine ändert sich aber in Richtung auf die Russische Tafel, auf die marine Sedimente der Kasan-Stufe zungenförmig übergreifen. Nur im Tschkalow-Aktjubinsker Vorural sind faunistisch definierte kontinentale Ablagerungen der mittleren Trias erhalten. Sie liegen in den Scheiteln der Antiklinalen scharf diskordant auf älteren Ablagerungen, manchmal direkt auf salinarem Kungur, wodurch sich wenigstens für diesen Teil des Urals die Zeit des Abschlusses der gebirgsbildenden Bewegungen recht genau festlegen läßt.

In den nördlicheren Abschnitten der Belaja-Senke verringert sich die Mächtigkeit der Randsenkensedimente etwas (etwa 6 km). In den zentralen und westlichen Teilen dieser Senke wird in der Sakmara- und Artinsk-Stufe die Entwicklung von Tiefwasser-Kieselschlamm-Formationen und Formationen sehr mächtiger Kalkriffe, örtlich vom Typus der Barriere-Riffe, erwähnt.

In den südöstlichen Teilen der Belaja-Senke sind nach Westen überkippte lineare Falten, in den zentralen Teilen ein kompliziertes System von Salzantiklinalen und im westlichen Teil Kofferfalten entwickelt. Im Norden der Senke fehlt die Zone der linearen Falten.

Am mittleren Ural liegt die Ufa-Solikamsker Senke. Sie zeichnet sich durch einen der Belaja-Senke ähnlichen Bau und durch eine beträchtlich geringere Tiefe (2—3 km) aus.

Am Nordural befindet sich die Petschora-Senke, deren innerer Bau noch nicht vollständig genug untersucht ist. Im äußersten Norden folgt schließlich die Workuta-Senke mit einem mächtigen Komplex terrigener Gesteine. Die unteren Horizonte des Profils werden aus einer Flyschformation mit karbonischen Gesteinen, von möglicherweise Sakmara-Alter aufgebaut. Über ihr liegt eine Schichtenfolge mariner Molassen (2 km) des Artinsk, die von mächtigen (5 km) kohleführenden Schichtenfolgen der Kungur-Stufe und des oberen Perms überlagert werden. Einen ähnlichen Bau hat die noch weiter nördlich gelegene, im Südwesten an das Pai-Choi-Antiklinorium angrenzende Korotaicha-Senke.

Die einzelnen Senkungsgebiete der Vorural-Randsenke werden voneinander durch horstartige Aufbrüche getrennt, in denen die herausgehobene Basis der Senke an die Oberfläche tritt. Zwischen der Belaja- und der Ufa-Solikamsker Senke liegt der große Horst des Karatau. Die Ufa-Solikamsker und die Petschora-Senke werden durch den Horst des Poljudowa-Kamnja-Hebungsgebietes, die Petschora- und Workuta-Senke durch das Tschernyschew-Hebungsgebiet, die Workuta- und die Korotaicha-Senke durch die Tschernow-Antiklinale voneinander getrennt.

Halbinsel Taimyr und Nowaja-Semlja. Taimyr und **Nowaja Semlja** (41) im äußersten Norden Sibiriens gehören ganz dem paläozoischen Faltungsgebiet an. Die Frage nach dem genaueren Faltungsalter der Halbinsel Taimyr, d. h. nach der Zugehörigkeit zur kaledonischen oder variscischen Orogenese ist noch Gegenstand heftiger Diskussionen. In der ersten Ausgabe der Tektonischen Karte der UdSSR wurden Taimyr und Nowaja Semlja insgesamt zu den Varisciden gerechnet. In der vorliegenden Ausgabe wurde jedoch ein anderer Standpunkt berücksichtigt, und zwar der, daß die südlichen Zonen der Taimyr-Halbinsel zur variscischen Faltung und die nördliche Zone sowie die Inseln zur kaledonischen Faltung gehören. Als Begründung dafür dienen folgende Überlegungen:

Die **nördliche Zone der Halbinsel Taimyr** (27) wird von einer mächtigen Schichtenfolge stark dislozierter präkambrischer metamorpher Gesteine aufgebaut, die ein System nach Süden überkippter und überschobener Falten bilden. Die präkambrischen Gesteine nehmen einen sehr breiten Raum ein, zu dem nicht nur der Norden von Taimyr, sondern auch die Insel Bolschewik und die Ostküste der Insel der Oktoberrevolution gehört. Dieser kristalline Streifen stellt anscheinend den zentralen Teil der Taimyr-Faltungszone dar.

Nordwestlich dieser Zone sind auf der Insel der Oktoberrevolution altpaläozoische Geosynklinalbildungen verbreitet, die in ein System steiler, nord-südlich und nordwestlich streichender Falten gelegt wurden. Darauf folgt mit einer scharfen Diskordanz die in ihrem Aufbau dem „Old red" Westeuropas ähnliche rote devonische Molasse. Sie ist relativ schwach disloziert; von ihr werden große Innensenken aufgefüllt. Die dargestellten Beziehungen berechtigen, die Taimyr-Randzone und die an sie angrenzenden Inseln des Arktischen Beckens zu den Kaledoniden zu rechnen.

Die **südliche Zone der Halbinsel Taimyr** (43) erstreckt sich als relativ schmaler Streifen von der Jenissei-Bucht im Westen bis zum Ostende der Halbinsel. Sie zeichnet sich durch die Entwicklung unter- und mittelpaläozoischer sedimentärer Geosynklinalformationen sowie durch terrigene altpaläozoische und vulkanogen-sedimentäre untertriadische Gesteine aus, die im Aufbau gleichaltrigen Bildungen der Tunguska-Syneklise nahestehen.

Diese südliche Zone der Halbinsel Taimyr stellt in struktureller Beziehung eine gewaltige, durch lineare breite Falten komplizierte, gegen die Sibirische Tafel gerichtete Monoklinale[1] dar. Entsprechend sind die altpaläozoischen Bildungen vorwiegend im nördlichen Teil dieser Zone, die mittelpaläozoischen im mittleren und die jungpaläozoischen im Süden entwickelt. Die Faltungsintensität nimmt von Norden nach Süden ab. Die Ablagerungen der Tunguska-Serie füllen dabei kleine Innensenken, die ebenfalls in ost-westlicher Richtung gestreckt sind.

Eine Sonderstellung nehmen die an die Chatanga-Mündung angrenzenden Gebiete ein. Hier wurde innerhalb flach liegender jungpaläozoischer und mesozoischer Gesteine eine Reihe von Salzkuppeln festgestellt, die in ihren Kernen von devonischem (?) Steinsalz aufgebaut werden. Diese Zone nimmt eine Zwischenstellung zwischen der Sibirischen Tafel und der Taimyr-Faltungszone ein. Sie wird als die randliche paläozoische **Chatanga-Senke** (44) ausgeschieden. Ein großer Teil ihrer Fläche wird von einer meso-känozoischen Tafeldecke verhüllt. Zweifellos erstreckt sie sich in Ost-West-Richtung längs des Nordrandes der Sibirischen Tafel über recht große Entfernungen.

Die Westsibirische Platte. Gewaltige Räume der Westsibirischen Tiefebene werden aus horizontal gelagerten quartären und teilweise neogenen Ablagerungen aufgebaut. Die Geologie dieses Gebietes begann sich durch die geophysikalischen Untersuchungen und die Bohrarbeiten in den letzten Jahren zu klären. Das Problem der strukturellen Gliederung der Westsibirischen Platte wurde in den Arbeiten einer Reihe von Forschern aufgegriffen. Streng genommen tragen jedoch alle veröffentlichten Schemata noch einen äußerst spekulativen Charakter und stellen ein System von Vermutungen dar, die in hohem Maße auf noch unbewiesenen Annahmen beruhen.

Heute ist hinreichend sicher festgestellt, daß die Westsibirische Platte einen zweistufigen Aufbau besitzt. An der Basis liegen dislozierte, verschiedengradig metamorphosierte und von Intrusionen durchdrungene paläozoische und präpaläozoische Schichtenfolgen des Fundamentes. Innerhalb dieses Faltenkomplexes wird es zweifellos in der Zukunft gelingen, sowohl kaledonische Kerne als auch jüngere variscische Geosynklinalzonen auszuscheiden. Vorläufig läßt

[1] Monoklinale = nach dem Geologischen Wörterbuch (Moskau 1955) eine tektonische Struktur, in der das Einfallen der Schichten nach einer Seite gerichtet ist. Anm. d. wiss. Red.

sich lediglich zuverlässig sagen, daß die Dislokationen des westlichen uralnahen Teils der Niederung Nord-Süd- (uralisches) Streichen besitzen. Außerdem ist es sehr wahrscheinlich, daß in den südöstlichen Teilen der Niederung das Streichen der paläozoischen Falten eine große und komplizierte knieartige Umbiegung bildet, in die sich leicht das nordöstliche Streichen der Tomsk-Kolywan-Faltenzone einzeichnen läßt. Die obere Strukturstufe der Platte bildet eine typisch ausgebildete Tafeldecke aus mesozoischen und känozoischen Sedimentgesteinen.

Die Westsibirische Platte zeichnet sich in ihren zentralen Teilen durch die tiefe Lage des gefalteten Fundamentes aus, dessen Oberfläche sowohl gegen den Ural im Westen, als auch gegen Zentralkasachstan, den Altai, die Tomsk-Kolywan-Faltenzone und die Kaledoniden Südsibiriens im Süden und Südosten und gegen die Grenze zur alten Sibirischen Tafel im Osten herausgehoben wird. Bohrungen erreichen die Oberfläche des Fundamentes in den randlichen Teilen der Tafel relativ leicht, haben jedoch in den zentralen Teilen in einer Tiefe von 3000 m die Tafeldecke noch nicht durchsunken, wobei sie lediglich die Ablagerungen des Valendis und des oberen Juras erreichen. Nach Angaben der geophysikalischen Untersuchungen sowie der Bohrungen sind eine Reihe tiefer Senken festzustellen. Es sind dies die Irtysch-Syneklise, die in nordwestlicher Richtung parallel zum nordöstlichen Außenrand des paläozoischen Massivs Zentralkasachstans verläuft, die Ob-Tas-Syneklise, die den nördlichen Teil der Tafel einnimmt, und die Kas-Senke im südöstlichen Randgebiet, gegenüber dem Jenissei-Hebungsgebiet der Sibirischen Tafel.

In der **Irtysch-Syneklise** (46) ist das Fundament bis auf eine Tiefe von 3500 bis 4000 m abgesunken; dementsprechend erreichen die auffüllenden Tafelablagerungen des Mesozoikums und des Känozoikums die gleichen Mächtigkeiten. In den zentralen Teilen der **Ob-Tas-Syneklise** (45), die sich nach Norden gegen die Kara-See öffnet und nach Nordosten in Richtung auf die Chatanga-Senke eine große Abzweigung (Pjassina-Senke) bildet, erreicht die Lagerungstiefe des Fundamentes mehr als 4000 m. Nach den Ergebnissen der geophysikalischen Untersuchungen zu urteilen, ist in der **Kas-Senke** (47) eine noch tiefere Absenkung des Fundamentes möglich.

Nach den gleichen geophysikalischen Angaben befindet sich im zentralen Teil der Westsibirischen Platte die große Wasjugan-Anteklise, welche die oben aufgezählten Senken teilt. In ihrem Scheitelteil hebt sich das Fundament bis auf 2000—1600 m.

In den westlichen und südwestlichen Teilen der Westsibirischen Platte wurde durch Bohrungen festgestellt, daß das Fundament durch ein System grabenförmiger Senkungszonen kompliziert wird. Sie sind von schwach dislozierten terrigenen kohleführenden Gesteinen der Trias und des Lias erfüllt, die im Liegenden lagergangartige Intrusionen und vielleicht auch Decken basischer Gesteine enthalten. Diese Gesteine liegen mit einer scharfen Winkeldiskordanz auf verschiedenaltrigen Gesteinen des Fundaments und werden von Ablagerungen höherer Horizonte der Tafeldecke abgeschnitten, an deren Zusammensetzung alle Stufen des mittleren und oberen Juras, der Kreide und des Paläogens beteiligt sind. Die Gesteine des Deckgebirges der Westsibirischen Platte sind vorwiegend terrigener Herkunft, wenn auch in der oberen Kreide und im Paläogen organogene Kieselbildungen weit verbreitet sind.

Die Dislokationen der Tafeldecke sind in dem an den Ural angrenzenden westlichen Teil am deutlichsten ausgebildet. Als Beispiel für diese Dislokationen kann das Beresow-Hebungsgebiet genannt werden, eine große wallartige Struktur, die bei einer Breite von 30—50 km 200 km parallel zum Ural entlangläuft. Die Einfallwinkel der Schichten an den Flanken des Hebungsgebietes sind klein und betragen weniger als 1°. Das Beresow-Hebungsgebiet wird in den unteren Horizonten des Deckgebirges von Brüchen begrenzt. Westlich von ihm liegt ein tiefer Graben. Es erwies sich, daß Nord-Süd gerichtete Gräben eine charakteristische Form der Dislokationen in den unteren Horizonten der Tafeldecke des Westrandes der Platte darstellen. Sie lassen sich über ihre Grenze hinweg bis in das Gebiet der Uralostflanke verfolgen (Tscheljabinsker Graben).

In den nordöstlichen Teilen der Platte (Ust-Port) wurden große, hinlänglich scharf umrissene Antiklinalen festgestellt, die aus jurassischen und kretazischen marinen Sedimenten bestehen und in den Kernen eine rote, diskordant auf dislozierten silurischen Kalken liegende Schichtenfolge der Permotrias umfassen. Die Oberfläche dieser Kalke wird hier in Tiefen von ungefähr 1500 m erreicht.

Vom südwestlichen Teil der Westsibirischen Platte löst sich in südlicher Richtung die deutlich ausgebildete **Turgai-Senke** (48), die sich nach Süden gegen die Grenze der Turan-Platte öffnet. Die Turgai-Senke besitzt eine relativ geringe Tiefe und hat einen stark asymmetrischen Bau. Die Ostflanke ist außerordentlich flach; die Mächtigkeit der Tafeldecke beträgt hier in großer Entfernung vom Mogudshar einige Zehner bis wenige hundert Meter. Umgekehrt ist der Ostflügel der Senke relativ steil und von Zentralkasachstan her taucht das paläozoische Fundament schnell ab. In Verbindung damit haben die kretazischen und tertiären Gesteine der Deckschichten das vollständigste Profil und erreichen am Ostrand der Senke ihre maximale Mächtigkeit (500—600 m). Die Asymmetrie des Baues wurde anscheinend noch in der Geosynklinalperiode der Entwicklung dieses Raumes angelegt und wird längs des Ostrandes der Senke durch das Auftreten einer alten Bruchzone bestimmt, die ein variscisches, Nord-Süd streichendes Faltensystem von den komplizierter streichenden kaledonischen Faltenbauen des westlichen Zentralkasachstan trennt.

In ihrem Nordteil wird die Turgai-Senke durch den quer verlaufenden Kustanai-Sattel kompliziert, der sich gegenüber dem alten Koktschetau-Antiklinorium Zentralkasachstans bildete. Innerhalb dieses Sattels liegt das paläozoische Fundament äußerst flach (nicht tiefer als 100—200 m).

Das Deckgebirgsprofil der Turgai-Senke hat vieles mit dem Profil des an den Ural grenzenden Teiles der Westsibirischen Platte gemeinsam, nur ist es weniger vollständig. Genau wie dort wird das Fundament der Senke von einem System Nord-Süd streichender Gräben und Mulden gestört, die von einer kohleführenden Schichtenfolge des Rhäts, des unteren und mittleren Juras erfüllt sind. Ein wesentlicher Unterschied besteht darin, daß in den mittleren und südlichen Teilen der Turgai-Senke die Gesteine des Deckgebirges von bedeutenden, vorgezeichneten, Nord-Süd streichenden Dislokationen betroffen werden, deren Entwicklung sich fast bis zum Quartär hinzog. Durch diese Dislokationen sind viele geomorphologische Besonderheiten der Turgai-Senke bedingt.

Die Turan-Platte. Weite Wüsten- und Halbwüstenräume sowie die Vorgebirgsoasen Südkasachstans und Mittelasiens stellen ebenso wie die Westsibirische Tiefebene einen Teil der epipaläozoischen Tafel Eurasiens dar.

Gegenwärtig verfügen wir noch nicht über ausreichendes Material für die Darstellung aller Besonderheiten des Baues der paläozoischen Fundamentoberfläche dieses Raumes. Die vorhandenen Daten weisen jedoch darauf hin, daß sich ihre Tiefe an verschiedenen Stellen recht schnell ändert. An vielen Orten der Turan-Platte treten die gefalteten Gesteine des Fundamentes an die Oberfläche. Das sind die in der westlichen Verlängerung der abgesunkenen Bögen des Tjan-Schans gelegenen „Gorki“ (kleine Berge) der Kysylkum (Kuldshuk-tau, Bukan-tau u. a.), das im Unterlauf des Amu-Darja gelegene Sultan-Uisdag-Hebungsgebiet, die Austritte des gefalteten Perms und der Trias im Kern der Mangyschlak-Megantiklinale, die Austritte des gefalteten Paläozoikums und der Trias im Kern des Tuarkyr-Hebungsgebietes und anscheinend die Austritte der paläozoischen Magmatite im Kern des Großen Balchans und auf der Halbinsel Krasnowodsk. In den übrigen Teilen der Turan-Platte wird das Fundament von mesozoischen und känozoischen Sedimentgesteinen der Tafeldecke verhüllt. In den tiefsten Senkungszonen des Aralgebietes sinkt das Fundament bis auf 1300 m und tiefer unter die Oberfläche ab. In der **Nord-Ustjurt-Senke** (49) sinkt nach den Angaben seismischer Untersuchungen die Basis des Neokoms auf eine Tiefe von 3 km, so daß sich der gefaltete Untergrund in einer Tiefe von nicht weniger als 5—6 km befindet. Es wurde festgestellt, daß die Fundamentoberfläche innerhalb der Turan-Platte ein stark gegliedertes Erosionsrelief bildet, das bisweilen die Struktur dieser Oberfläche entstellt. Die Lagerungstiefe des Fundaments ist für viele Gebiete der Platte bisher weder durch die Geophysik, noch durch Bohrungen festgestellt worden. Deshalb wurde auf der Tektonischen Karte die Struktur der Platte nur durch die Isohypsen, bezogen auf die Oberfläche von Leithorizonten der Tafeldecke, dargestellt. Die zuverlässigsten Horizonte sind im Nordteil der Platte die Hangendgrenze der Oberkreide und im südwestlichen Teil die Basis der Sarmat-Stufe.

Der gefaltete Untergrund der Turan-Platte besteht aus präpaläozoischen und paläozoischen Gesteinen. An der Zusammensetzung des Fundaments beteiligen sich dislozierte Ablagerungen der unteren, der mittleren und vielleicht auch der liegenden Teile der oberen Trias (Mangyschlak, Tuarkyr-, Unteres Syrdarja-Hebungsgebiet). Dieser Umstand brachte A. D. Archangelski auf den Gedanken, möglicherweise den Mangyschlak- und Tuarkyr-Abschnitt des Fundaments der Turan-Platte den frühmesozoisch gefalteten Gebieten zuzurechnen. Heute muß jedoch diese Ansicht vollkommen abgelehnt werden. Die triadische Entwicklungsetappe der Erdkruste ist innerhalb der paläozoisch gefalteten Gebiete der südlichen und zentralen Teile der UdSSR auf das engste mit der permischen verbunden (südwestliche Sibirische Tafel, Turgai-Senke, Turan-Platte), wie sie auch innerhalb der präkambrischen Tafeln mit der jungpaläozoischen Etappe verknüpft ist. Die wesentliche Umgestaltung der Entwicklungsverhältnisse fällt in die Zeit zwischen der mittleren Trias und dem unteren Jura. Dementsprechend muß der Umfang des Begriffes „variscische Faltungsepoche" in bezug auf das Territorium der UdSSR durch die Einbeziehung der unteren Trias des Urals und sogar der mittleren und vielleicht auch der unteren Teile der oberen Trias im Mangyschlak und an anderen Stellen der Turan-Platte erweitert werden.

Die Struktur des gefalteten Fundaments der Turan-Platte zeichnet sich durch ihre große Kompliziertheit aus und ist gegenwärtig bei weitem noch nicht geklärt. In ihrem Bereich finden die Faltenbaue der einzelnen tektonischen Zonen des Tjan-Schans im Untergrund ihre Fortsetzung. Die Strukturen des Serawschan-Antiklinoriums im Süd-Tjan-Schan setzen nach Westen in den Ausstrichen des Paläozoikums in der Kysyl-Kum und im Sultan-Uis-dag-Gebirge fort. Geophysikalische und paläogeographische Daten lassen die Annahme einer weiteren Fortsetzung im Untergrund über den Ustjurt in das Gebiet der Halbinsel Busatschi zu. Nördlich dieser Zone liegt anscheinend eine tiefe Senke, die von der Molasseformation des Jungpaläozoikums angefüllt ist. Ihre Gesteine treten an der Nordflanke des Bukan-tau-Hebungsgebietes in der Kysyl-Kum an die Oberfläche und wurden am Fuß der nördlichen Abhänge des Ustjurt (südlich der Süd-Emba-Plakantiklinale) durch eine Bohrung erfaßt.

Im Südwesten der Turan-Platte besitzen die Gesteine des gefalteten Untergrundes ein relativ hohes Alter, liegen verhältnismäßig flach und treten innerhalb des Tuarkyrs, der Halbinsel Krasnowodsk und im Großen Balchan stellenweise sogar an die Oberfläche. Hier sind scheinbar silurische Schiefer und verschiedene magmatische Gesteine bekannt, die nach der absoluten Altersbestimmung zum Teil dem Präkambrium, zum Teil dem mittleren Paläozoikum angehören. Die Vermutungen über ein mesozoisches Alter einiger magmatischer Gesteine dieses Gebietes sind nur ungenügend begründet. Die geophysikalischen Angaben sprechen dafür, daß die Streichrichtungen der Fundamentstrukturen hier die gleichen sind, wie die der Strukturen der Tafeldecke, d. h. im Gebiet der Halbinsel Krasnowodsk und im Großen Balchan Ost-West und im Gebiet des Tuarkyrs Nordwest-Südost. Die östliche Fortsetzung dieses Bereiches der Turan-Platte erfuhr in Verbindung mit der Entwicklung der Kopet-dag-Randsenke scheinbar nur im Tertiär stärkere Absenkungen.

Zwischen der Zone der westlichen Fortsetzung des Serawschan-Antiklinoriums und dem Gebiet Tuarkyr—Halbinsel Krasnowodsk lag im Jungpaläozoikum und zu Beginn des Mesozoikums eine nahezu Ost-West streichende Senke, die sich vom Gorny-Mangyschlak zum Südfuß des Sultan-Uis-dag ausdehnte. Diese Senke besaß scheinbar einen asymmetrischen Bau, denn die Zone der maximalen Absenkung erstreckte sich längs ihres Nordrandes. Hier sammelten sich in gewaltiger Mächtigkeit vorwiegend Gesteine vom Typ der Molasse. Allein ihr oberer permischer und triadischer Teil erreicht im Mangyschlak Mächtigkeiten von nicht weniger als 8400 m. Die Gesteine des gleichen Typs sind an der Südflanke der

Senke entwickelt, wo sie jedoch eine wesentlich geringere Mächtigkeit besitzen und diskordant auf älteren Schichtenfolgen des gefalteten Untergrundes liegen.

Die Mangyschlak-Zone war im Bereich der Turan-Platte wahrscheinlich die größte, aber nicht die einzige Senkungszone jung- und altpaläozoischen Alters. In dieser Zeit bestanden an verschiedenen Stellen Reste von Innensenken, in denen sich Ablagerungen vom Typ der Molasse sammelten. Insbesondere wurden triadische Gesteine durch Bohrungen im gefalteten Fundament des Unteren Syrdarja-Hebungsgebietes erfaßt.

Die Deckschichten der Turan-Platte zeichnen sich durch einen eigenartigen zweistufigen Aufbau aus. Der untere Teil (obere Trias — unterer Jura) füllt einzelne tektonische Depressionen in der Fundamentoberfläche und besteht in der Regel aus dunklen Tonen, die im Verbreitungsgebiet der Festlandsfazies Kohlenflöze enthalten. Die Mächtigkeit dieser Gesteine erreicht mitunter 1200 m und mehr (südlich des Sultan-Uis-dag, im Gebiet des Südendes der Tschuschkakul-Antiklinale). Zu dieser gleichen Formation gehören wahrscheinlich die über 3000 m mächtigen jurassischen kohleführenden Schieferfolgen des Fergana-Gebirges sowie die mächtigen Schichtenfolgen der unteren Jura-Horizonte im Großen Balchan.

Der obere Teil der Tafeldecke (obere Horizonte des Juras, Kreide, tertiäre und quartäre Bildungen) unterscheidet sich nach dem Charakter seines Aufbaues nicht von den gleichaltrigen Formationen des Deckgebirges der alten Tafeln. Er wird durch eine Sedimentationslücke und eine scharfe Winkeldiskordanz nicht nur vom gefalteten Untergrund der Platte, sondern auch von der unteren Strukturstufe des Deckgebirges getrennt. Örtlich erreichen die beobachteten Winkeldiskordanzen zwischen den Schichten dieser beiden Strukturstufen der Tafeldecke 30°. Die Gesteine des oberen Teils der Tafeldecke bilden weite Senken, die manchmal den Charakter typischer Syneklisen annehmen (Sarykamysch-Syneklise, **Nord-Kysylkum-Syneklise** (50), **Tschu-Senke** (51), Nord-Ustjurt-Senke u. a.) oder örtlich flach geneigte Hebungsgebiete vom Typus des Unteren Syrdarja-Hebungsgebietes. Für kleinere Dislokationen der oberen Strukturstufe der Tafeldecke ist heute festgestellt worden, daß sie in der Regel den linearen Strukturen des gefalteten Untergrundes nachgezeichnet sind. Derartige Dislokationen sind die des nördlichen Aralgebietes, der Halbinsel Mangyschlak, der Kysyl-Kum und viele andere.

Die beschriebenen Besonderheiten im Bau und im Charakter der tektonischen Störungen des Deckgebirges der Turan-Platte (Durchpausen der Fundamentstruktur) sind anscheinend für die epivariscischen Tafeln allgemeingültig und charakterisieren gewisse Feinheiten im Unterschied zwischen ihnen und den alten, im Präkambrium gebildeten Tafeln.

Die epivariscische Tafel im Süden des europäischen Teils der UdSSR. Im Bereich des nördlichen Vorkaukasus, der Steppenkrim und des Südteils der Moldau befindet sich eine Zone tief abgesenkter variscischer Faltungsstrukturen, die mit analogen Bildungen der Turan-Platte große Ähnlichkeit besitzen. Diese unlängst unter der Bezeichnung Skytische Tafel (oder Platte) ausgeschiedene Zone ist bisher nur sehr ungenügend untersucht, einige prinzipielle Züge ihres Baues beginnen sich jedoch abzuzeichnen. Im Süden wird sie von den alpidischen Falten des Kaukasus, der Vorkaukasus-Randsenke und der Bergkrim, im Westen von den Falten der Ostkarpaten begrenzt.

Im nördlichen Vorkaukasus hat das gefaltete Fundament dieser Zone den gleichen Bau wie in den nördlichen Teilen der Turan-Platte. Es wird aus dunklen paläozoischen Schiefern zusammengesetzt (in der Bohrung an der Kosakensiedlung Pestschanokopskoje wurde auf Grund von Foraminiferen in einem Kalkzwischenmittel Tournai-Alter festgestellt), in die lokal Granite intrudierten (Hebungsgebiet von Stawropol). Die Fundamentoberfläche besitzt verschiedene Merkmale. Im Nordteil der betrachteten Zone liegt sie in einer Tiefe von ungefähr 1500—2000 m; größenordnungsmäßig ist auch die gleiche Tiefe für das Hebungsgebiet von Stawropol kennzeichnend. Im Bereich der Nordflanken der Indol-Kuban- und der Terek-Kaspi-Senke taucht das Fundament bis auf 3000 bis 4000 m ab.

In der nördlichen Krim wurde der gefaltete Untergrund der epivariscischen Tafel im Scheitel des Nowoselowo-Hebungsgebietes durch Bohrungen in Tiefen von 1200—1800 m angetroffen. Unter jurassischen Ablagerungen mit stark schwankender Mächtigkeit zeigten sich dislozierte Kalke und metamorphe Schiefer.

In enger Verbindung mit den paläozoischen Faltenbildungen dieses Streifens steht das **Donez-Becken** (17), das von den Verfassern der Karte als tief in die Russische Tafel hineinragende querverlaufende Randsenke betrachtet wird. Das Donez-Becken entstand als Tafelstruktur bereits zu Beginn des Devons (siehe oben). Zu Beginn der variscischen Faltung, d. h. vom mittleren Karbon ab, begann sich sein Ostteil an der knieförmigen Umbiegung der Grenze zwischen Russischer Tafel und paläozoischem Geosynklinalgebiet als Randsenke zu entwickeln. In ihr wurde eine für diesen Strukturtypus charakteristische Kohlenformation mit einer Mächtigkeit von über 10 km angehäuft. Die Falten und Brüche des aufgeschlossenen Teils des Donez-Beckens sind ausgezeichnet untersucht und gut beschrieben. Es muß nur bemerkt werden, daß die Strukturen nach Westen längs des Donez-Beckens gleichzeitig mit der Veränderung des Formationscharakters und einer schnellen Mächtigkeitsabnahme der mittel- und oberkarbonischen Ablagerungen ausklingen. Nach Osten ist ein derartiges Abklingen der Strukturen des Donez-Beckens nicht zu beobachten. In dieser Richtung läßt sich die kohleführende Formation in Bohrungen bis zur Eisenbahnlinie Stalingrad—Tichorezkaja verfolgen. Östlich dieser Linie erfolgt ein steiles Absinken der paläozoischen Oberfläche und wie es scheint, wird hier die kohleführende Formation des Donbass von geosynklinalen Schichtenfolgen dunkler Schiefer abgelöst, die in den Bohrungen Belaja Glinka und Promyslowoi angetroffen wurden. Diese Schiefer sind von den durch die Bohrungen im Fundament des nördlichen Vorkaukasus aufgeschlossenen Gesteinen nicht zu unterscheiden.

Es ist außerordentlich wichtig darauf hinzuweisen, daß die östliche Verbreitungsgrenze der kohleführenden Formation des Donbass mit dem meridionalen Schwerkraftgradienten und mit der Strukturlinie zusammenfällt, in deren Verlängerung im Norden die Stalingrader Flexur und im Süden der Ostrand des Hebungsgebietes von Stawropol sowie die Intrusivmasse des Gebietes von Mineralnaja Woda liegen. Vollkommen natürlich ist die Annahme, daß diese Linie eine über lange Zeiten entwickelte Zone tiefreichender Brüche darstellt, die den Süden der Russischen Tafel und die an sie grenzenden Faltungsräume durchschneidet.

Das Deckgebirge des betrachteten Abschnittes der epivariscischen Tafel besteht aus Ablagerungen des Juras, der Kreide und des Känozoikums. Mächtigkeit und Vollständigkeit des Profils vergrößern sich in Richtung auf die zentralen Teile tiefer Senken. In den am stärksten gehobenen Zonen gehören die untersten Horizonte dem Apt, Alb oder Cenoman an. Im Bereich der nördlichen Krim wird die Tafeldecke aus vorwiegend kretazischen, paläogenen und neogenen Sedimenten aufgebaut, die ein System breiter brachyantiklinaler und brachysynklinaler Strukturen bilden.

Weiter westlich bildet die epivariscische Tafel in der Donau-Tiefebene (Walachische Senke in Rumänien) einen breiten Ausbiß und wird von den Faltenbögen der Karpaten und des Balkans umrahmt. Ihr gefaltetes Fundament tritt im Bereich des **Dobrudsha-Hebungsgebietes** (53) an die Oberfläche, wo metamorphe vulkanogen-sedimentäre Gesteine des Altpaläozoikums, des Silurs und des Devons eine Reihe Nordwest-Südost streichender Falten bilden.

Nördlich der Dobrudsha befindet sich die tiefe Vordobrudsha-Randsenke, die mit 2000—3000 m mächtigen tonig-sandigen jurassischen Schichtenfolgen erfüllt ist. Die Bildungszeit dieser Senke entspricht der der unteren Horizonte des Deckgebirges der Turan-Platte und der Turgai-Senke und kann somit den Endstadien der variscischen Epoche nur sehr bedingt zugeordnet werden. Die Struktur selbst ist auch nur bedingt mit Randsenken vergleichbar.

Innerhalb der westlichen Ukraine werden die nordwestlichen Faltenbildungen von der Außenzone der Vorkarpaten-Randsenke verdeckt, in deren Bereich sie als hypothetischer Dobrudsha-„Wall“ ausgeschieden werden.

Im Bereich der Volksrepublik Polen und des Gebietes von Wladimir-Wolynsk nimmt die epivariscische Tafel wiederum weite Räume ein und wird im Süden von den alpidischen Falten der Westkarpaten eingerahmt. An der Grenze dieses Raumes mit dem Südwestrand der Russischen Tafel wird im paläozoisch gefalteten Fundament die große **Weichsel-Senke** (54) ausgeschieden. Zeitlich entspricht die Anlage dieser Randsenke den Hauptbildungsetappen des Donez-Beckens (mittleres und oberes Karbon). Sie ist ebenfalls mit einer kohleführenden Schichtenfolge erfüllt, die sich von der des Donez-Beckens durch die geringere Mächtigkeit und die größere Verbreitung karbonatischer Gesteine im Profil unterscheidet. Die Umrisse der Weichsel-Senke sind ebenso wie der Aufbau ihrer nordwestlichen Fortsetzung noch unklar. Ihre an die Tafel angrenzende Nordostflanke wird von mächtigen oberkretazischen Schichtenfolgen der Polnisch-Litauischen Syneklise verdeckt und stellt eine flache Monoklinale dar. Die an das paläozoische Swentokschishki-Hebungsgebiet angrenzende Südwestflanke wird durch Bruchstörungen und flache Falten kompliziert.

Die Dislokationen des paläozoisch gefalteten Untergrundes der Polnischen Tiefebene sind älter als das Fundament der östlicheren Teile der epivariscischen Tafel. Der ihn aufbauende Komplex geosynklinaler Bildungen endet im wesentlichen mit karbonischen Ablagerungen. Die permischen Gesteine gehören hier bereits zum Deckgebirge.

Die variscische Faltenzone im Transbaikal- und Amurgebiet. In Südostsibirien, im Transbaikal- und Amurgebiet werden große Räume von Faltenbauen paläozoischen (variscischen) Alters aufgebaut.

Innerhalb des Transbaikalgebietes lassen sich in der **Satschikoisker Taiga** (55) die Varisciden der Mongolei verfolgen. Diese Zone wird von dem alten Jablonoi-Stanowoi-Antiklinorium durch ein System großer mesozoischer und känozoischer Senken (Tschikoi-, Ingoda-Senke) getrennt. Durch ein gleiches System junger Senken wird sie von der östlich gelegenen mesozoischen Faltungszone des östlichen Transbaikalgebietes geschieden. Diese Zone bildet ein weites Verbreitungsgebiet mächtiger sandig-toniger Schichtenfolgen silurischen und devonischen Alters, in denen Schichtpakete mit Grünstein, Jaspis und Kalken auftreten. Alte kristalline Gesteine haben in ihr nur begrenzte Verbreitung. Das gleiche trifft für die karbonischen und permischen, vorwiegend terrigenen Schichtenfolgen in den kleineren Innensenken zu. Die Gesteine des mittleren und oberen Paläozoikums sind in komplizierte, Nordost-Südwest streichende Falten gelegt und werden von großen Granitintrusionen durchsetzt, die einen beträchtlichen Teil der Satschikoisker Taiga einnehmen. In dieser ganzen Zone sind zahlreiche Längsbrüche entwickelt, an die die Bildung mesozoischer Effusiva und das Aufdringen mesozoischer erzführender Granitintrusionen geknüpft ist. Mit einigen dieser Brüche ist auch die Bildung mesozoischer und känozoischer Senken verbunden, die mit Kohlefolgen gefüllt sind und den gleichen Baucharakter besitzen wie die Senken auf dem gefalteten Fundament der benachbarten südlichen Teile der Sibirischen Tafel.

Die variscische Faltenzone des **Amur-Gebietes** (56) stellt den randlichen Teil der Varisciden der Mandschurei dar. Sie umfaßt das Gebiet links des Amurs, das Seja-Selembdsha-Zwischenstromgebiet und läßt sich bis zur Bureja verfolgen. Innerhalb dieser Zone, besonders im Osten, sind im **Bureja-Massiv** (56) metamorphe präkambrische Bildungen und kaledonische granitische Gesteine weit verbreitet. Beträchtliche Räume werden von geosynklinalen Formationen des mittleren Paläozoikums (Silur, Devon, Unterkarbon) eingenommen und bilden ein Faltensystem, das gleichsam die alten Kerne umkleidet. Der variscische Faltenkomplex wird von zahlreichen großen Brüchen durchschnitten, denen hypabyssische Intrusionen jungmesozoischer Granitporphyre und anderer magmatischer Gesteine zugeordnet werden. Die Oberfläche des paläozoisch gefalteten Untergrundes wird in der Amur-Zone durch eine Decke mesozoischer und tertiärer Lockergesteine, die die weiten und sehr flachen Senken füllen (Seja-Bureja-, Zentralmandschurische Senke u. a.), verhüllt.

Der Bau und die geologische Entwicklungsgeschichte der variscischen Faltung des Amur-Gebietes sind bisher nur sehr ungenügend untersucht. Das läßt sich zum

Teil durch die bisher noch ungenügende geologische Erforschung der Nordostprovinzen der Volksrepublik China erklären.

4. Die Gebiete mit alpidischer Faltung im Süden der UdSSR

Innerhalb der Grenzen der UdSSR liegt zwischen den Karpaten im Westen und dem Kuen-Lun im Osten ein kleiner Teil des Nordrandes des alpidischen Geosynklinalgebietes. Längs dieses Gebietes zieht sich ein System großer, kulissenförmig angeordneter äußerer antiklinaler Hebungszonen (Megantiklinorien) entlang. Weiter südlich lassen sich in seinen inneren Teilen einige Faltungszonen ausscheiden, die aus Antiklinorien und Synklinorien sowie aus alten Innenmassiven bestehen, deren gefalteter Untergrund aus paläozoischen und noch älteren Gesteinen aufgebaut wird: Mazedonisch-Rhodopisches, Lydisch-Karisches und Galatsker Massiv. Außerdem werden hier zwei Gruppen neogener Innensenken ausgeschieden: die von Brüchen begrenzten aufgesetzten Becken (das Wiener, das Große und Kleine Ungarische, das Transsylvanische, das Thrazische, das Araksa-Becken u. a.) und tiefe, anscheinend vorgezeichnete Durchbiegungen der Erdkruste (die Becken des Schwarzen Meeres und des Südteils des Kaspischen Meeres).

Südlich der Innenzone liegt ein zweites System äußerer Antiklinorien, das aus den Antiklinorien des Armjansker Taurus und des Sagros besteht.

Beide Zonen der äußeren Antiklinorien werden an der Grenze mit den epivariscischen und alten Tafeln von einem perlschnurartigen System voneinander getrennter asymmetrischer Randsenken begleitet.

Die antiklinalen Hebungsgebiete der nördlichen Außenzone sind in ihrem Aufbau sehr verschieden. Sie beginnen im Westen des betrachteten Gebietes mit dem **Karpaten-Antiklinorium** (57), dessen innerer Kern (einschließlich der Niederen Tatra und der angrenzenden Gebirgsmassive) als Abschluß des Ostalpen-Megantiklinoriums betrachtet werden muß, das von seinem zentralen Teil durch das aufgesetzte Kleine Ungarische Becken getrennt wird. Das folgende Antiklinorium sind die Ostkarpaten, in deren Kern die kristallinen Gesteine des Marmarosch-Massivs ausstreichen und deren gesamte Ostflanke von der Flyschformation der Kreide und des Paläogens aufgebaut wird. Die Ostkarpaten sind nicht ein System großer Deckenüberschiebungen, wie früher viele Geologen annahmen, sondern sie besitzen in ihrem größten Teil normalen Faltenbau. Lediglich an der Grenze zur Vorkarpaten-Randsenke sind die Falten der Flyschzone des östlichen Flügels des Antiklinoriums auf diese Senke überschoben, wobei der Bewegungsbetrag der Gesteinsmassen in einigen flachen Aufschiebungen 14 km erreicht.

Das Südkarpaten-Megantiklinorium hat einen kompliziert gebauten ausgedehnten Kern aus kristallinen Gesteinen und Sedimenten des Paläozoikums. Das Megantiklinorium des Balkan-Gebirges besteht aus drei nach Norden überkippten Antiklinorien.

Das **Krim-Antiklinorium** (59) ist nicht vollständig erhalten. Sein Südflügel und ein Teil des Kernes ist unter das Schwarze Meer abgesunken. Sein Ostende wird auf der Halbinsel Kertsch von einem System kleiner Falten tertiärer Ablagerungen umsäumt.

Das **Megantiklinorium des Großen Kaukasus** (60) zeigt einen scharfen asymmetrischen Bau. Es ist nach Süden überkippt. Im westlichen Teil des Kernes besteht es aus paläozoischen und präkambrischen, im östlichen aus jurassischen Gesteinen. Am Aufbau des Südflügels beteiligen sich zwei Synklinorien mit jurassischen, kretazischen und paläogenen Schichtenfolgen. In den im Osten und Westen abgesunkenen Teilen (Halbinsel Taman und Apscheron) sind kuppelartige Diapirfalten verbreitet.

Östlich des Kaspischen Meeres liegt das **Kopet-Dag-Faltensystem** (64) (Turkmenisch-Chorassan-Gebirge), dessen nördliches Randgebiet (Gebirgskette des Kopet Dag) auf dem Territorium der UdSSR liegt. Die seinen Bau komplizierenden Falten sind nach Norden überkippt. Westlich der Hauptstruktur des Kopet-Dag löst sich ein System allmählich abtauchender Falten mit fast quer verlaufender südwestlicher Streichrichtung.[1] Weiter östlich erstrecken sich die kulissenförmig angeordneten Antiklinorien des Paropamis, des Hindukusch und des nördlichen Pamirs. Das **Pamir-Antiklinorium** (66) vereinigt sich nach Osten mit der Faltenzone des Kuen-Lun.

Die aufgezählten Antiklinalstrukturen der äußeren nördlichen Zone wurden im Laufe des Oligozäns und des Neogens entwickelt und emporgehoben. Sie bildeten sich durch allmähliches Wachsen anfänglich kleiner, in den geosynklinalen Senken entstandener Hebungsgebiete. Diese Senken wurden im alpidischen Geosynklinalgebiet zu Beginn des Juras und zum Teil später, am Ende des Juras und in der Kreide angelegt. In ihrer ersten Form entstanden die Hebungsgebiete fast gleichzeitig mit der Bildung der Senken selbst. So bestand in der Axialzone der Ostkarpaten seit der unteren Kreide eine Hebungstendenz, während sich in der Krim und im Großen Kaukasus derartige Hebungen bereits im oberen Jura herausbildeten. Im Neogen und im Quartär erfolgte eine Intensivierung der Heraushebung, die von einer vulkanischen Tätigkeit begleitet wurde (Karpaten, Kaukasus). In dieser Zeit entstanden auch die umrahmenden Senken.

Eine Sonderstellung im System der äußeren Antiklinorien der alpidischen Faltungszone nimmt der nördliche Pamir ein. Er gehört zu dem einheitlichen System großer junger Faltenbaue, an die er im Süden unmittelbar grenzt, und wird von den weiter nördlich gelegenen variscischen Falten des südlichen Tjan-Schans durch einen Streifen tiefer Senken (Tadshikische, Vorkuenlun-Senke) getrennt; somit besitzt der nördliche Pamir in seiner Entwicklung eine Reihe von Besonderheiten. Der Aufbau des paläozoischen Profils im nördlichen Pamir steht dem der Alai-Zone des Tjan-Schans sehr nahe. Diese Ähnlichkeit ist auch während der gesamten mesozoischen Entwicklung, als der nördliche Pamir eine große geoantiklinale Hebungszone darstellte, zu erkennen.

Die den alpidischen Faltengürtel im Norden einrahmenden Randsenken lassen in ihrem Aufbau eine Reihe von Unterschieden erkennen.

---

[1] Viele Geologen rechnen zum System der äußeren Antiklinorien auch das Hebungsgebiet des Großen Balchans.

Die **Vorkarpaten-Randsenke** (58) wurde zu Beginn des Neogens an der Grenze der Ostkarpaten zur präkambrischen Russischen Tafel angelegt. Im Laufe ihrer Entwicklung bewegte sie sich gegen die Tafel und erwarb eine scharf ausgebildete asymmetrische Form. Die Vorkarpaten-Randsenke gliedert sich in zwei Zonen: eine Innenzone, die im Miozän auf gefaltetem Untergrund angelegt wurde, und eine Außenzone, die, mit tortonischer und sarmatischer Molasse erfüllt, die randlichen Teile der Tafel bedeckt. Die Innenzone der Senke wird durch disharmonische Faltung und Überschiebungen kompliziert. Die Außenzone wird durch Dislokationen des Tafeltyps gestört.

Die Indol-Kuban- und die Terek-Kaspi-Randsenke wurde an der Grenze des Kaukasus mit der epivariscischen Tafel im Süden des europäischen Teils der UdSSR anscheinend bereits im Paläozän angelegt. Diese Senken besitzen zwar auch einen asymmetrischen Bau, aber in ihnen erfolgte keine Wanderung in Richtung auf die Tafel. Insbesondere sind die tiefsten und gleichzeitig jüngsten Teile der Terek-Kaspi-Senke an den Ostteil der Kaukasus-Nordflanke angeschmiegt. Diese charakteristischen Züge im Bau der vorkaukasischen Senken werden durch einige Besonderheiten in der Entwicklung des Kaukasus selbst hervorgerufen, sie äußern sich insbesondere in der Asymmetrie, d. h. in der Überkippung der Falten nach Süden gegen die Innen- und nicht gegen die Außensenken.

Die **Vorkopet-Dag-Randsenke** (65) trennt das Faltensystem des Kopet-Dag von der Turan-Platte. Sie entstand ebenfalls im Oligozän und besitzt nach den Angaben der geophysikalischen Untersuchungen quer zum Streichen eine stark asymmetrische Form. Vom Kopet-Dag wird die Senke im Süden von einem Überschiebungssystem getrennt. In der axialen Zone der Senke ist die Hangendgrenze der Kreide-Ablagerungen nach Angaben seismischer Erkundungsarbeiten bis in eine Tiefe von 3000 m abgesunken.

Weiter gegen Osten können die Randsenken der alpidischen Faltungszone vor der bogenförmigen Faltungsfront des nördlichen Pamirs und des Kuen-Lun ausgeschieden werden. Da in der Zone dieses Faltenbaues intensiv die variscische Orogenese wirkte, und die mit der alpidischen Faltung verknüpften Hebungsbewegungen relativ früh begannen, haben auch die Randsenken hier einen eigenartigen Bau, der sie von denen in den westlicheren tertiären Faltensystemen unterscheidet. Die den Pamir im Westen begrenzende Randsenke stellt den östlichen Teil der bereits im unteren Mesozoikum angelegten Tadshikischen Senke dar. Deshalb ist die Zeit des Bildungsbeginns der eigenen Randsenke hier nicht völlig klar. Einige Geologen vertreten die Ansicht, daß diese Anlage im Jura einsetzte, als an ihrer Grenze die Sedimentation genügend mächtiger terrigener und salinarer Schichtenfolgen begann, mit denen die Salztektonik Afghanistans und des Gebiets von Kuljab verknüpft ist.

Die Vorkuenlun-Senke trennt die alpidische Faltenzone vom äußersten westlichen Vorsprung der alten Chinesischen Tafel — des Tarim-Massivs —, entwickelte sich jedoch, wie die Profile zeigen, auf einem variscisch gefalteten Untergrund. Die Stratigraphie der vorwiegend kontinentalen und roten Schichtenfolgen ist noch ungenügend ausgearbeitet. Nach gewissen Angaben besitzt der untere Teil tertiäres Alter, nach anderen gehört er dem Mesozoikum an.

Die Vorkuenlun-Senke vereinigt sich mit der Senke am Westfuß des Pamirs in einem schmalen Senkungsstreifen im Gebiet des Alai-Tales, dem Gebiet der maximalen Annäherung von Pamir und Tjan-Schan. Die kretazischen und tertiären Ablagerungen am Rande dieses schmalen Senkungsstreifens sind intensiv disloziert und bilden hohe Faltengebirge (Peter-I.-Gebirge und Saalai-Gebirge). In dem restlichen Gebiet der den Pamir und Kuen-Lun umgebenden Becken halten die Senkungsbewegungen und damit die Sedimentation rezenter grober Molassen an.

Im **Antiklinorium des Kleinen Kaukasus** (63), der Innenzone des alpidischen Geosynklinalgebietes, läßt sich deutlich das Somchet-Karabach-Antiklinorium mit mitteljurassischen Gesteinen im Kern ausscheiden. Weiter westlich liegt die Adsharo-Trialet-Faltungszone mit Antiklinalkernen aus kretazischen Gesteinen und Flanken mit mächtigen eozänen vulkanischen Schichtenfolgen. Die Adsharo-Trialet-Zone geht in die Antiklinalzone des Östlichen, und dann des Westlichen Pontus über. Südlich des Somchet-Karabach-Antiklinoriums liegt das Sewan-Synklinorium. Noch weiter südlich folgt das System des Mischan-Sangesur-Antiklinoriums und schließlich, durch die Jerewaner Senke von ihr getrennt, das Daralages-Antiklinorium.

Südlich der Antiklinorienzone des nördlichen Pamirs liegt das komplizierte Synklinorium des Zentralpamirs und weiter die Antiklinalzone des Südpamirs, die nach Westen in den Hindukusch übergeht und in ihrem Kern von präkambrischen Gesteinen aufgebaut wird.

Die Bildung der Strukturen der alpidischen Innenzone erfolgte im Laufe des Mesozoikums und des Paläogens. Seit dem Neogen begann die Hebung großer Bereiche der Innenzone, gleichzeitig damit die Bildung tiefer Innensenken mit mächtigen sedimentären Schichtenfolgen: **Rion-Senke** (61), **Kura-Senke** (62) und Aras-Senke. Im Westen nahmen die sich im Neogen entwickelten Senken (Große und Kleine Ungarische Becken u. a.) fast die gesamte Innenzone zwischen den Karpaten und den Dinariden ein. Reste dieser Zone sind in den Massiven Westrumäniens, in den Bakoni-Bergen und in einigen anderen Punkten erhalten.

Der Entstehungsprozeß des Großen Ungarischen Beckens wurde ebenso wie der des südöstlich davon gelegenen Transsylvanischen Beckens am Ende des Neogens von großen Bruchstörungen und einer intensiven magmatischen Tätigkeit begleitet, die sich in der Bildung von Vulkanzonen und einer Reihe kleiner Intrusionen äußerte.

Die großen Hebungsbewegungen im Neogen wurden von der tiefen Einsenkung des Schwarzen Meeres und der südlichen Kaspischen Senke begleitet. Es sind Anzeichen für die Verbreiterung dieser Senken im Känozoikum vorhanden und von einigen Geologen werden sie als rezente Geosynklinalen betrachtet.

Das alpidische Geosynklinalgebiet ist eine Restzone des die Russische und die Afrikanische Tafel trennenden paläozoischen Geosynklinalgebietes und wurde während der paläozoischen Faltung durch die Umwandlung beträchtlicher Teile in eine Tafel reduziert. Nachdem diese Faltung in der Trias und stellenweise im Jura (Dobrudsha ?) abgeschlossen war, erschien sie verspätet in jenem Streifen, der das alpidische Geosynklinalgebiet von der Russischen Tafel trennt. Im Neogen trat das schmale alpidische Geosynklinalgebiet in das Schlußstadium seiner Entwicklung: Heraushebung großer Gebirgsbaue, Bildung von Randsenken und weiter Innensenken. Die aufgesetzten flachen Senken vom Typ der Ungarischen können wahrscheinlich als ein Übergangsstadium zur Tafeletappe aufgefaßt werden, die tiefen Senken vom Typ des Schwarzen Meeres dagegen als Strukturen, die ihre geosynklinale Entwicklung noch nicht abgeschlossen haben.

5. Die Gebiete mit mesozoischer Faltung im Osten der UdSSR

Große Räume im Osten und Nordosten der UdSSR gehören zum Gebiet der mesozoischen Faltung des Pazifischen Gürtels. Innerhalb der UdSSR werden drei große Verbreitungsgebiete unterschieden: Werchojansk-Tschuktschen-, Osttransbaikal-Amur-Gebiet und das Gebiet von Sichote-Alin.

Das *Werchojansk-Tschuktschen- (Tschukotka-) Faltungsgebiet* umfaßt ein gewaltiges Territorium von der Lena (Ostrand der Sibirischen Tafel) im Westen bis zur Tschuktschen-Halbinsel im Osten und setzt weiter bis auf den nordamerikanischen Kontinent fort. Dieses Gebiet besitzt einen komplizierten Aufbau. In ihm befinden sich eine Reihe alter Innenmassive, die von großen Faltensystemen eingerahmt werden.

Im Werchojansk-Tschuktschen-Gebiet ist eine unter der Bezeichnung Werchojansker Komplex ausgeschiedene charakteristische Formation terrigener Gesteine (Sandsteine und Schiefer) außerordentlich weit verbreitet. Die Zeit der Ablagerung dieser Formation umfaßt einen großen stratigraphischen Bereich (oberes Karbon — mittlerer Jura). Ihre Mächtigkeit wechselt in den verschiedenen Faltenzonen und erreicht im Werchojansker Gebirge 8 km.

Im Zentralteil des Werchojansk-Tschuktschen-Faltungsgebietes befindet sich ein System alter Massive, die früher gewöhnlich unter der Bezeichnung Kolyma-Tafel ausgeschieden wurden.

Das größte dieser Massive ist das im äußersten Westen gelegene Kolyma-Massiv. Westlich davon liegt das Omolon-Massiv, das durch die Priomolon-Senke vom Kolyma-Massiv getrennt wird. Im Osten, unmittelbar von der Kamtschatka-Faltungszone umrahmt, schließt das kleine Taigonos-Massiv an, das durch die Gishiga-Senke vom Omolon-Massiv getrennt wird.

Der gefaltete Untergrund des **Kolyma-Massivs** (72) wird von einer Serie paläozoischer (bis einschließlich Unterkarbon) Karbonatgesteine aufgebaut, in denen am rechten Ufer der Kolyma archäische metamorphe Gesteine und mächtige terrigene Schichtenfolgen vom Proterozoikum bis zum Unterkambrium (?) auftreten. Die alten Gesteine sind in Nord-Süd und Nordwest-Südost streichende Faltensysteme gelegt (Moma-Antiklinorium).

Während der Bildung des Werchojansker Komplexes wurden auf dem Kolyma-Massiv relativ geringmächtige (etwa 1000 m) karbonatische Schichtenfolgen abgelagert. Im Jura erfolgte in den nordwestlichen Teilen (Flußbecken der Alaseja) eine Anhäufung vulkanogener Gesteine basischer und saurer Zusammensetzung. Die jungpaläozoischen und mesozoischen Bildungen im Grenzgebiet des Massives sind schwach disloziert. In seinem südwestlichen Teil liegt die große **Syrjanka-Senke** (73), die mit der mächtigen, fast faltungsfreien Kohlenformation des oberen Juras und der Kreide (einige tausend Meter) angefüllt ist. Die oberen Horizonte dieser Formation haben möglicherweise tertiäres Alter.

Das **Omolon-Massiv** (74) stellt ein recht großes Verbreitungsgebiet alter (archäischer) metamorpher Schiefer und Gneise dar, die von roten und vulkanogenen Schichtenfolgen des Oberdevons (2000 m), von vorwiegend terrigenen Gesteinen des Unterkarbons (einige hundert Meter) und schließlich von einer geringmächtigen triadischen und jurassischen Decke überlagert werden. Im Profil des Omolon-Massivs fehlen die Ablagerungen des Kambriums, des Ordoviziums, des Silurs, des unteren und mittleren Devons sowie postjurassische Ablagerungen. Dementsprechend war es im Verlauf langer geologischer Zeiträume ein Gebiet ständiger Hebungs- und Bruchbewegungen. Das paläozoische und mesozoische Deckgebirge ist auf dem Omolon-Massiv relativ schwach disloziert. Es bildet ein System sehr flacher Senken und Scheitelhebungsgebiete, wird aber an einigen Stellen von zahlreichen Brüchen zerlegt.

Das Kolyma- und das Omolon-Massiv wird von der tiefen Priomolon-Senke getrennt, die mit einer bis 2000 m mächtigen terrigenen Schichtenfolge des oberen Werchojansker Komplexes (mittlere Trias bis unterer Jura) erfüllt ist.

Im Osten liegt das **Taigonos-Massiv** (75), das vom Omolon-Massiv durch die Gishiga-Senke getrennt wird. Der Bau ist dem der weiter westlich gelegenen Zonen ähnlich, unterscheidet sich jedoch dadurch, das das Gebiet von den tektonischen Bewegungen der Kamtschatka-Faltung betroffen und stellenweise von Intrusionen mesozoischer granitischer Gesteine durchsetzt wurde.

Zwischen der Sibirischen Tafel und dem Kolyma-Massiv läßt sich ein System gefalteter mesozoischer Strukturen ausscheiden. Westlich dieses Systems erstreckt sich die winklig gebogene **Werjochansker Faltungszone** (68) die aus vorwiegend permischen und untertriadischen Gesteinen des Werchojansker Komplexes aufgebaut wird. Im äußersten Norden (Charaulach-Antiklinorium) und im Südosten (Setta-Daban-Antiklinorium) der Werchojansker Zone treten in den Kernen der großen Hebungsgebiete Kalke, Dolomite und Mergel mit unter- bis mittelpaläozoischem Alter auf, deren Mächtigkeit im Setta-Daban-Gebirge 5000—6000 m erreicht. In den Aufbrüchen des alten paläozoischen Untergrundes fehlen praktisch Anzeichen einer magmatischen Tätigkeit, abgesehen von örtlich auftretenden Gesteinsgängen der Trappformation (Gabbro-Diabase), deren Intrusion in die Zeit zwischen dem Ende des Perms und Anfang der Trias fiel. Die alt- und mittelpaläozoischen Gesteine bilden im allgemeinen eine einfache Faltenstruktur mit flachen, von großen Längsbrüchen komplizierten Faltenformen. Die Faltenstruktur entstand im mittleren Karbon. Der Werchojansker Komplex besteht innerhalb der Werchojansker Faltungszone aus einem System ebenfalls einfacher und häufig linearer Falten mit engliegenden Scheiteln und steilen Flanken. Für die Werchojansker Faltungszone ist eine äußerst schwache magmatische Tätigkeit charakteristisch, die erst in den im Osten angrenzenden Zonen eine große Verbreitung erlangt.

Zwischen der Zone von Werchojansk und der Sibirischen Tafel liegt die **Vorwerchojansker Randsenke** (77)[1], eine riesige, die Sibirische Tafel im Nordosten umrahmende Senke. Nach Westen erstreckt sie sich vom Werchojansker Gebirge zunächst längs des Lena-Tales und folgt dann dem Aldan. In einem steilen Bogen ragt die Vorwerchojansker Randsenke tief in die Wiljui-Syneklise hinein. Im Osten klingt sie im Mittellauf des Aldans aus. Im Norden ist sie mit den vom Unterlauf des Anabars und der Chatanga durchflossenen Senken verknüpft. Diese Depressionen sind möglicherweise auch als Randsenken der Mesozoiden aufzufassen. Die Vorwerchojansker Randsenke wird von einer mächtigen (3500 m), teilweise kohleführenden Molasse oberjurassisch-unterkretazischen Alters angefüllt, die gegen Westen in gleichaltrige und in der Zusammensetzung ähnliche, aber wesentlich geringer mächtige Ablagerungen der Wiljui-Syneklise übergehen. An den Flanken des Anabar-Massivs und des nordöstlichen Teiles des Aldan-Schildes nimmt sie schnell bis auf einige hundert Meter ab.

Die Vorwerchojansker Randsenke vereinigt sich in ihrem mittleren Teil mit dem quer zu ihr verlaufenden Senkungsgebiet der Wiljui-Syneklise. An der Verbindungsstelle bildete sich eine sehr tiefe Senke heraus, deren obere Profilteile von einer bis zu 1000 m mächtigen oberkretazischen sandig-tonigen Schichtenfolge angefüllt wurden.

In der inneren Zone der Vorwerchojansker Randsenke sind große lineare Falten verbreitet, in der äußeren, an die Tafel grenzenden dagegen lokale kuppelartige und brachyantiklinale Hebungsgebiete.

Östlich der Werchojansker Zone liegt die große **Jana-Synklinalzone** (69), die von der Syrjanka-Senke des Kolyma-Massivs durch das Tas-Chajachtach-Antiklinorium getrennt wird und sich im Südosten mit der Indigirka-Kolyma-Synklinalzone vereinigt. Dieses System von Synklinorien wird von den mittleren und oberen Horizonten des Werchojansker Komplexes (Trias, teilweise unterer und mittlerer Jura) mit einer Mächtigkeit von 4000—5000 m angefüllt. Am stärksten entwickelt sind die jurassischen Bildungen in den äußersten nordöstlichen Geosynklinalsenken, an der Grenze zum Tas-Chajachtach-Antiklinorium. In diesen Gebieten sind die jurassischen Tonschiefer (bis 3000 m mächtig) stark disloziert und von zahlreichen Intrusionen mitteljurassischer Granodiorite durchdrungen, die einen deutlich ausgebildeten, viele hundert Kilometer zu verfolgenden Gürtel bilden.

Im Südosten grenzt an die Indigirka-Kolyma-Synklinalzone das **Ochotskische** (Ochota-) **Innenmassiv** (76), das von den Flanken des Aldan-Schildes durch das Südwerchojansker Synklinorium getrennt wird. In seinem Aufbau ist das Ochota-Massiv in vieler Hinsicht dem Omolon-Massiv ähnlich. Es wurde ebenfalls während der Sedimentationszeit des Werchojansker Komplexes zerstückelt und in seinen Ausmaßen verkleinert. Die alte Struktur des gefalteten Untergrundes des Massivs schimmert durch sein Deckgebirge hindurch. Im Norden und Nordwesten sind

[1] Auf der Karte wurde sie weniger zutreffend als Priwerchojansker Randsenke bezeichnet.

eigenartige Schollendislokationen entwickelt, die ein System flacher Blöcke aus nahezu horizontal liegenden Gesteinen des Werchojansker Komplexes darstellen. Diese Schollen werden von schmalen, in verschiedenen Richtungen linear gestreckten grabenförmigen Synklinalen aus gefaltetem Perm und Trias gegliedert.

Das Tas-Chajachtach-Antiklinorium und das in seiner nordöstlichen Fortsetzung liegende Polous-Antiklinorium umgeben das Kolyma-Massiv im Westen und Norden. Es handelt sich um relativ schmale Antiklinalsysteme, die von zahlreichen Längsbrüchen gestört werden. Paläozoische karbonatische Schichtenfolgen sind weit verbreitet.

Es muß bemerkt werden, daß die kambrischen Ablagerungen des Tas-Chajachtach-, des Setta-Daban- und des Charaulach-Antiklinoriums überall von karbonatischen Gesteinen gebildet werden, die sowohl im Profil als auch in der Mächtigkeit stark an die gleichaltrigen Tafelbildungen des nördlichen Teils der Sibirischen Tafel erinnern. Das bewog eine Reihe von Forschern die Vermutung auszusprechen, daß die Sibirische Tafel im Altpaläozoikum beträchtliche Räume des westlichen Werchojansk-Kolyma-Gebietes einnahm, die überprägt wurden und zu Beginn der Bildungsepoche des Werchojansker Komplexes in geosynklinale Entwicklungsverhältnisse einbezogen wurden. Das sind sehr interessante Vermutungen über den möglichen Entwicklungsprozeß der Tafeln überhaupt, sie konnten aber bisher durch ausreichend zuverlässige Grundlagen noch nicht erhärtet werden.

Nordöstlich des Kolyma- und des Omolon-Massivs erstreckt sich ein Faltensystem mit südöstlicher bis fast ost-westlicher Streichrichtung. Unmittelbar an diese alten Massive grenzt die Gruppe von Synklinorien der **Oloi-Senke** (70), die von mächtigen vulkanogenen und terrigenen Schichtenfolgen des Juras angefüllt ist. Dieser Synklinalstreifen stellt den östlichen Ast der Werchojansker Faltungszone dar. Noch weiter nordöstlich liegt ein bis Tschukotka zu verfolgendes System von Antiklinorien, von denen die größten das **Anjui- und Tschuktschen (Tschukotka-) Antiklinorium** (71) sind. Das Anjui-Antiklinorium ist aus einer terrigenen Schichtenfolge des Werchojansker Komplexes aufgebaut, aus der kleine Kerne älterer Bildungen hervorkommen. Das Tschuktschen Antiklinorium wird in den Kernen aus präkambrischen metamorphen und altpaläozoischen sedimentär-vulkanogenen Gesteinen zusammengesetzt. Ebenfalls sind in dem Antiklinorium Gesteinsfolgen verbreitet, die in der Zusammensetzung und im Alter dem Werchojansker Komplex nahe stehen. Sowohl hier im äußersten Nordosten als auch am Rande des Kolyma-Massivs äußerte sich ein weitverbreiteter mesozoischer Intrusionsmagmatismus.

Das *Osttransbaikal-Amur-Gebiet.* Das **Osttransbaikal-Priamur-Faltungsgebiet** (78) bildet einen schmalen Streifen, der sich von den Schantar-Inseln im Nordosten bis in die inneren Teile der Mongolei im Südwesten erstreckt. Am Aufbau dieses Gebietes beteiligen sich Gesteine praktisch aller Arten. Vorherrschend verbreitet sind mittelpaläozoische geosynklinale Ablagerungen aus mächtigen (6500—7000 m) terrigenen Gesteinen in Wechsellagerung mit Kalken und stark veränderten Effusiva basischer Zusammensetzung. Diese Schichtenfolgen sind intensiv disloziert und werden in den westlichen Teilen von mächtigen konkordanten Granit-, Diorit-

und Gabbrointrusionen durchsetzt. Im Jungpaläozoikum und zu Beginn des Mesozoikums (bis zum mittleren Jura) erfolgte die Sedimentation grobklastischer mariner und kontinentaler Gesteine; Erscheinungen einer intensiven vulkanischen Tätigkeit konnten nachgewiesen werden. Einige Teile des Profils dieser Serie (Trias des Schilka-Flusses) lassen dabei eine Ähnlichkeit im Aufbau mit dem Werchojansker Komplex Nordostasiens erkennen. Die Gesteine dieser Epoche wurden in eigentümlichen geosynklinalen Restsenken abgelagert (Ostbaikalische Synklinalzone, Oberamur-Synklinalzone), wo sie in ein System relativ einfacher nordöstlich streichender Falten gelegt wurden. In den mesozoischen Faltenkomplex intrudierten kleine Granitmassive. In einer Reihe von Gebieten des oberen Amurgebietes kann eine enge räumliche Bindung dieser Granite an große Bruchzonen festgestellt werden, die sowohl den paläozoischen als auch den mesozoischen Faltungskomplex durchsetzen.

Die mesozoischen Synklinalsenken werden durch Hebungsgebiete aus gefaltetem Archaikum, Proterozoikum und Paläozoikum geteilt (Aginskoe-, Priargun-, Dshagdin-Tukuringra-Hebungsgebiet u. a.). In ihnen sind die mesozoischen Bildungen geringmächtig und wurden nur von einer schwachen Faltung betroffen.

Für das Osttransbaikal-Priamur-Faltungsgebiet ist die weite Verbreitung verschieden großer Ostnordost-streichender Bruchstörungen äußerst charakteristisch. Eine Zone derartiger Brüche verläuft z. B. längs der Verbindungsgrenze des mesozoischen Faltungsgebietes mit dem Südflügel des Jablonoi-Stanowoi-Antiklinoriums. Mit diesen Brüchen ist die Bildung junger Senken verknüpft, die mit Schiefern der Turga-Folge und mit kohleführenden Ablagerungen (Oberkreide-Känozoikum) erfüllt sind; außerdem erfolgte zu Beginn des Quartärs ein intensiver Vulkanismus (Basaltergüsse).

An den Randgebieten des betrachteten Gebietes, an der Grenze zum ripheischen Jablonoi-Stanowoi-Antiklinorium und dem paläozoischen Bureja-Massiv, liegen große Senkungsgebiete (**Oberseja-Uda-Senke** (79) und Amur-Seja-Senkungsgebiet) mit eigenartigen, teilweise kohleführenden Molassen jungmesozoischen und tertiären Alters. Diese Senken können unter Vorbehalt zum Strukturtyp der Randsenken gestellt werden.

Das Gebiet von Sichote-Alin. Die **Sichote-Alin-Faltungszone** (80) liegt zwischen dem paläozoischen Bureja-Massiv im Westen sowie der Küste des Japanischen Meeres und der Tatarischen Meerenge im Osten. Im Becken des Tugur-Flusses im Norden vereinigt sie sich mit dem Osttransbaikal-Priamur-Faltungsgebiet, im Süden taucht sie unter das Japanische Meer und erscheint dann in Korea wieder an der Oberfläche.

Das Gebiet von Sichote-Alin besteht aus einigen großen Antiklinorien und den sie trennenden Synklinorien. In der Scheitelzone des Chingan-Bureja-Antiklinoriums und des Hauptantiklinoriums von Sichote-Alin treten vorpaläozoische metamorphosierte und dislozierte Gesteine heraus. Mittelpaläozoische Bildungen sind nur von wenigen Orten bekannt. Weit verbreitet ist dagegen das Jungpaläozoikum, das aus einer mächtigen (5000—6000 m) Flyschserie mit Horizonten basischer Laven besteht. Im Südwesten (Grodekowo-Zone) intrudierten am Ende des Paläozoikums Granite. In der Trias und in der ersten Hälfte des Juras erfolgte ein Anwachsen der Antiklinorien. An ihren Rändern sowie in den Synklinalsenken wurden mächtige terrigene flyschartige Schichtfolgen abgelagert, die gewisse ähnliche Züge mit dem Werchojansker Komplex Nordostsibiriens aufweisen. Innnerhalb des Sichote-Alin-Faltungsgebietes begann in der zweiten Hälfte des Juras und in der Kreide eine intensive vulkanische Tätigkeit, die besonders im Hauptsynklinorium zur Anhäufung mächtiger basischer und saurer vulkanischer Gesteinsmassen führte. In die gleiche Epoche werden Granitintrusionen gestellt, die eine Reihe komplizierter Massive aufbauen.

Die mesozoischen sedimentären und vulkanogenen Komplexe des Faltungsgebietes von Sichote-Alin sind intensiv disloziert. Die Falten sind häufig stark zusammengepreßt und werden von allgemein Ost-West streichenden Längsüberschiebungen zerschnitten.

Mit dem Abschluß der Faltung fällt die Anlage und die Entwicklung der **Bureja-Senke** (81) zusammen, einer kleinen, aber außerordentlich charakteristischen Randsenke (?), die das Bureja-Massiv der paläozoischen Granite von den benachbarten mesozoischen Faltenstrukturen trennt. Diese Senke ist mit einer mächtigen jungmesozoischen und tertiären kohleführenden Formation erfüllt und besitzt eine Reihe für Randsenken charakteristische Merkmale.

Das Werchojansk-Tschuktschen-, das Sichote-Alin- und das Osttransbaikal-Priamur-Gebiet der mesozoischen Faltung des Pazifischen Gürtels lassen einige gemeinsame Züge, aber auch einige große Unterschiede erkennen.

Eine außerordentlich wichtige Gemeinsamkeit im Bau und in der Entwicklungsgeschichte dieser drei Gebiete sind ganz bestimmte tektonische Verhältnisse am Ende des Paläozoikums, die zur Bildung der terrigenen Schichtenfolgen vom Typ des Werchojansker Komplexes führten. Diese Bedingungen bestanden im Werchojansker Gebiet im Karbon, Perm, Trias und Jura; im Baikal-Gebiet und in Sichote-Alin wurden sie erst im Perm erreicht und bestanden bis zum Jura. Der gleiche Entwicklungstypus im Jungpaläozoikum und Mesozoikum ist eines der spezifischen Merkmale der gesamten mesozoischen Faltungszone. Die im mittleren Jura beginnende zweite Etappe hatte in den einzelnen Gebieten eine verschiedene Dauer und zeichnete sich durch einen deutlichen intrusiven (granitische Gesteine) und effusiven Magmatismus aus.

Die Unterschiede im Bau und in der Entwicklung der drei betrachteten mesozoisch gefalteten Gebiete im Osten der UdSSR sind ebenfalls recht groß. Das Werchojansk-Tschuktschen-Faltungsgebiet ist relativ schwach erodiert und seine unteren Strukturstufen sind tief abgesenkt. Die Ablagerungen des unteren und mittleren Paläozoikums treten hier nur sehr selten an die Oberfläche, hauptsächlich in den Antiklinorien der Randgebiete, wo sie, wie schon oben ausgeführt, von Formationen vertreten werden, die sich von den Tafelformationen wenig unterscheiden. Sehr weit verbreitet ist hier der Werchojansker Komplex, für dessen Ablagerungen normale, sich linear erstreckende Strukturstufen bezeichnend sind.

Ein ähnliches Bild wird im Faltungsgebiet von Sichote-Alin einschließlich des unteren Amur-Gebietes beobachtet, wenn sich auch hier die vom Paläozoikum eingenommenen Gebiete beträchtlich vergrößern.

Wesentlich anders sieht das Osttransbaikal- und das Oberamurgebiet aus, wo paläozoische und ältere Gesteine größte Verbreitung haben. Sie bilden verschiedene Hebungsformen und nur in schmalen, stark reduzierten Senkungsgebieten zwischen ihnen treten häufig als isolierte Fetzen Analoga des Werchojansker Komplexes auf. Für diese Zone ist eine starke Heraushebung der unteren Strukturstufen, eine starke Zersplitterung und eine entsprechend große Tiefe des Erosionsanschnittes charakteristisch. Deshalb stößt die Rekonstruktion der mesozoischen Faltung sowie die genaue Bestimmung ihrer Grenzen im Baikal- und Oberamur-Gebiet auf große Schwierigkeiten. In Verbindung damit neigen einige Geologen dazu, dieses Gebiet als einen gewissen Sondertyp der Geosynklinalsenken zu betrachten, der sich von den Gebieten der mesozoischen Faltung Nordostsibiriens und Sichote-Alins unterscheidet. Es ist aber sehr wahrscheinlich, daß im Gegensatz dazu das Osttransbaikal-Priamur-Gebiet als variscisches Faltungsgebiet zu betrachten ist, das analog zu den südlichen paläozoischen Strukturen Chinas durch mesozoische Bewegungen und einen gleichzeitigen Magmatismus überprägt wurde.

6. Die Gebiete mit känozoischer Faltung im Pazifischen Gürtel (Kamtschatka-Faltung)

Im äußersten Osten der UdSSR, im Anadyr-Land und auf Kamtschatka, an der Küste des Ochotskischen Meeres, im Kurilenbogen und längs des Ostrandes von Sichote-Alin sind die jüngsten, mit der känozoischen Faltung des Pazifischen Gürtels verknüpften Geosynklinalbildungen verbreitet.

Die Randzone der känozoischen Faltung. Längs der Grenze zwischen den mesozoischen Faltungsgebieten und der jüngeren Zone känozoischer Faltung verläuft ein riesiger Vulkangürtel, der zuerst als eine selbständige und einheitliche strukturelle Zone ausgeschieden wurde. Diese **vulkanische Randzone** (82) erstreckt sich in Form eines breiten Streifens (100—200 km) von der südlichen Tschuktschen-Halbinsel in das Gebiet der linken Anadyr-Nebenflüsse und weiter nach Südosten zur Halbinsel Taigonos, wo sie durch den Vorsprung eines mesozoischen Innenmassives unterbrochen wird. Der Vulkangürtel taucht dann nördlich des Gishiga-Meerbusens wieder auf und läßt sich nach Süden in einem ununterbrochenen Streifen längs der Küste des Ochotskischen Meeres bis zum Dshugdshur-Gebirge verfolgen. In diesem Bezirk schwenkt das Streichen des Randstreifens unvermittelt in die Nord-Süd-Richtung und verläuft bis in das Randgebiet des südwestlichen Ochotskischen Meeres, wo er an der Festlandküste im Gebiet des Sachalin-Meerbusens wieder erscheint und dann nach Süden längs der Westküste des Tatarischen Meerbusens bis in das Gebiet der Olga-Bucht verläuft.

Über die gesamte gewaltige Erstreckung bleibt in der betrachteten Zone mit erstaunlicher Beständigkeit der gleiche Baustil erhalten. Sie stellt ein Gebiet mit weiter Verbreitung vulkanogener senon-tertiärer Schichtenfolgen dar, in denen eigentümliche Rhythmen unterschieden werden, die entweder mit basischen oder mit intermediären Ergüssen beginnen und gewöhnlich mit sauren enden. Die Mächtigkeit des Effusivkomplexes beträgt viele hundert, stellenweise auch tausende Meter. Von den unterlagernden Faltenbildungen wird er durch eine scharf ausgebildete Winkeldiskordanz getrennt.

Die Gesteine des Vulkangürtels sind nur schwach disloziert. An der Küste des Tatarischen Meerbusens sind sie in ein System relativ flacher Falten gelegt, deren Streichen im allgemeinen der Küstenrichtung folgt. In einer Reihe von Stellen der Ochotskischen Küste liegen die beschriebenen vulkanogenen Gesteine horizontal, an vielen anderen Stellen sind sie durch Brüche gestört und werden von kleineren Intrusionen „fernöstlicher" granitischer Gesteine durchbrochen, deren Hauptbildungsphase in das Eozän fällt.

Die vulkanische Randzone kann als eine Anfangsetappe zur Bildung geosynklinaler Senken känozoischer Faltung im Pazifischen Gürtel betrachtet werden. Sie schneidet die verschiedenen Strukturelemente der mesozoischen Faltung Nordostsibiriens zwischen dem Dshugdshur-Gebirge und dem Flußbecken des Anadyrs ab und bestimmt dadurch die Lage von Zonen großer tektonischer Nähte, die die entstehenden Geosynklinalgebiete im Westen abtrennen. Von diesem Standpunkt erscheinen sowohl die Stellung selbst, als auch die strukturellen Besonderheiten des Randstreifens vollkommen gesetzmäßig. Das Problem des Auftretens ähnlicher Randstreifen, die die Anlage und Bildung älterer Geosynklinalgebiete in anderen Teilen der Erde begleiten, wurde noch nicht aufgegriffen. Es ist sehr leicht möglich, daß das Auftreten des Gürtels durch die Besonderheit des Baues der pazifischen Erdhälfte zu erklären ist.

Die **Korjak-Kamtschatka-Faltungszone** (83) besitzt einen ungleichartigen Bau. Sie besteht aus einer Reihe von Antiklinorien, die von Senken verschiedenen Typus getrennt und überdeckt werden.

Im Südteil der inneren Kamtschatka-Gebirgskette befindet sich der freigelegte Teil des Mittleren Antiklinoriums von Kamtschatka, das von Gneisen und intensiv dislozierten metamorphen Schiefern des Präkambriums und Altpaläozoikums aufgebaut wird. An seinen Flanken streichen vermutlich paläozoische terrigene und vulkanogene Formationen aus, die in enge Nord-Süd streichende Falten gelegt wurden und von mesozoischen granitischen Gesteinen durchbrochen werden.

Längs der Ostküste Kamtschatkas erstreckt sich das Ostkamtschatka-Antiklinorium, das in seinem Kern von oberkretazischen und an den Flanken von paläogenen Bildungen aufgebaut wird, die in schmale, linear gestreckte, nordöstlich streichende Falten gelegt sind und von Intrusionen paläogener granitischer Gesteine durchbrochen werden. Im zentralen Teil dieses Antiklinoriums drangen auf großen Längsbrüchen ultrabasische Intrusiva auf.

Weiter nordwestlich liegt kulissenförmig die Korjak-Antiklinalzone, die den westlichen und zentralen Teilen des Korjak-Hochlandes angehört. Im Kern dieses großen Hebungsgebietes streichen hauptsächlich vulkanogene Formationen der unteren und oberen Kreide sowie des Paläogens aus. Der Nordteil des Antiklinoriums wird aus großen Synklinalfalten aufgebaut, die aus paläogenen und neogenen Bildungen bestehen. Im zentralen Teil der Korjak-Antiklinalzone, ebenso wie im Ostkamtschatka-Antiklinorium sind Intrusivkörper ultrabasischer Gesteine bekannt.

Schließlich erstreckt sich im Nordwesten, wiederum kulissenförmig zur vorigen Struktur, an der Grenze zwischen dem Pensha-, Main- und Pekulneja-Gebirge das Main-Antiklinorium. In der Kernzone wird es von einem gefalteten Komplex des mittleren und oberen Paläozoikums, der Trias, des Juras und der Unterkreide aufgebaut, auf dem diskordant ein jüngerer, aber auch gefalteter Komplex von Gesteinen der Oberkreide und des Paläogens liegt. Wie in den beiden oben genannten Hebungsgebieten erscheinen auch im Kern des Main-Antiklinoriums zahlreiche, an ein System großer Brüche gebundene ultrabasische Intrusionen.

Westlich des Main-Antiklinoriums liegt die große, räumlich mit der morphologischen Anadyr-Pensha-Depression zusammenfallende Pensha-Senke. Sie wird von einer mächtigen neogenen Schichtenfolge aufgebaut, die als Deckgebirge die linear gefaltete Oberkreide und das Paläogen bedeckt.

In der Pensha-Senke wird das Neogen von einer im wesentlichen terrigenen Schichtenfolge teils mariner, teils kontinentaler Entstehung vertreten. Sie bildet ein System allgemein nordöstlich streichender Brachyfalten.

An der Südwestküste Kamtschatkas liegt die Westkamtschatka-Senke. Diese Senke setzt sich aus einer mächtigen kontinentalen pliozänen kohleführenden Formation zusammen, die diskordant von intensiv dislozierten Ablagerungen der Oberkreide, des Paläogens und des Miozäns überdeckt wird. Der pliozäne Komplex wurde eng gefaltet, wobei das vorherrschende Einfallen der Schichten nach Westen gerichtet ist. In den Faltenkernen erscheinen gewöhnlich präneogene Gesteine.

Den Zentralteil Kamtschatkas nimmt die große Mittelkamtschatka-Senke ein. Sie liegt auf den gefalteten Strukturen des Mittleren Antiklinoriums und anderer großer Hebungsgebiete der Halbinsel. Die miozäne und pliozäne Schichtenfolge wird von mächtigen Decken quartärer und rezenter Andesite, Andesitbasalte und Basalte bedeckt. Sie besteht aus relativ schwach dislozierten marinen und kontinentalen terrigenen Gesteinen mit einer Mächtigkeit bis zu 2000 m. In der Zone der heutigen Wasserscheide des Mittleren Kamtschatka-Gebirges werden sie von jüngeren vulkanogenen Bildungen abgelöst. Die Gesteine des Miozäns und des Pliozäns bilden flache und breite Synklinalen, die von brachyantiklinalen Falten kompliziert werden, in deren Kernen teilweise der gefaltete Komplex einer tieferen Strukturstufe (Oberkreide, Paläogen) erscheint. In die miozäne und pliozäne Schichtenfolge intrudierten kleine Körper granitischer Zusammensetzung.

Die Korjak-Kamtschatka-Faltungszone zeichnet sich durch eine starke rezente tektonische Aktivität aus (intensive Vertikalbewegungen in der jüngsten Zeit), ferner durch die gestörte Lagerung des Quartärs, den Vulkanismus und die Seismizität.

Sachalin (84). Die Kamtschatka-Faltungszone ist unmittelbar durch den Bogen der Kurilen-Inseln mit den Faltenbauen Japans (östliche Zone der Insel Hokkaido) verbunden. Zusammen mit ihnen bildet Kamtschatka innerhalb des Pazifischen Gürtels ein einheitliches känozoisches Faltensystem, das sich durch die rezente tektonische Aktivität und den Vulkanismus auszeichnet.

Im Hinblick auf dieses System nimmt Sachalin eine Sonderstellung ein. Es unterscheidet sich von Kamtschatka durch den Charakter des Tertiärprofils, durch das Fehlen des jüngsten Vulkanismus und durch eine bedeutende Abschwächung der tektonischen Bewegungen. Der schroffe Gegensatz zwischen Sachalin und den benachbarten känozoischen Faltungsgebieten zieht schon seit langem die Aufmerksamkeit aller Forscher, die sich mit den geologischen Fragen des Fernen Ostens beschäftigen, auf sich. Es wurde selbst die Vermutung ausgesprochen, daß Sachalin zu den Strukturen vom Typus der Randsenken zu stellen sei.

Auf Sachalin werden zwei durch ein Zwischensynklinorium getrennte große Antiklinorien ausgeschieden. In den Kernen der Antiklinorien erscheinen mächtige Schichtenfolgen proterozoischer und möglicherweise paläozoischer kristalliner und metamorpher Schiefer des Östlichen und des Sassunai-Gebirges, eine mittelpaläozoische ophiolitische, spilitische und Schieferformation sowie jungpaläozoische Ton- und Kieselschiefer, Jaspisse und Kalke, die gleichaltrigen Bildungen der Insel Hondo (Japan) analog sind. All diese Formationen sind recht intensiv disloziert und bilden ein Nord-Süd streichendes System enger Falten. Auf ihrer erodierten Oberfläche liegt eine mächtige Schichtfolge terrigener Gesteine kretazischen und tertiären Alters mit relativ schwachen Spuren eines submarinen Vulkanismus. Weit verbreitet sind hingegen erdölführende (Osten) und kohleführende (Westen) Fazies. Junge Intrusivgesteine haben auf Sachalin eine unbedeutende Verbreitung; nur örtlich lassen sich kleine Körper von granitischen und basischen Gesteinen feststellen. Die tertiären Ablagerungen an den Flanken der Antiklinorien und des mittleren Synklinoriums sind in ein System einfacher Falten gelegt, die in den nördlichen Teilen der Insel kuppelförmig gestaltet sind.

Das Problem der strukturellen Stellung Sachalins kann im Augenblick noch nicht eindeutig gelöst werden, denn dafür muß vor allem der geologische Bau am Grunde des Ochotskischen Meeres geklärt sein.

Bei einem Vergleich zwischen Sachalin und den Faltenbauen anderer Zonen drängt sich eine Ähnlichkeit mit der Werchojansker Faltungszone während der Ablagerung des hangenden Teils des Werchojansker Komplexes auf. In beiden Orogenen sind in den Sedimenten terrigene Formationen weit verbreitet, der Magmatismus äußerst sich ebenfalls schwach, der tektonische Störungstyp ist ähnlich.

V. SCHLUSSBETRACHTUNG

In den vorliegenden Erläuterungen sind die Grundlagen für die Schaffung der „Tektonischen Karte der UdSSR und der angrenzenden Länder“ dargelegt, außerdem wurde eine sehr kurze Charakteristik der wichtigsten Besonderheiten im Bau der ausgeschiedenen tektonischen Gebiete gegeben. Zweifellos ist eine große Zahl sehr wichtiger tektonischer Strukturen dabei äußerst flüchtig charakterisiert und in einer Reihe von Fällen von einer Betrachtung ausgeschlossen worden. Das ist erstens mit der Kürze und zweitens mit dem Zweck dieser kleinen Schrift zu erklären, die den Leser lediglich beim Studium der Karte erläuternd helfen, nicht dagegen alle Einzelheiten deuten soll.

Die Zusammenstellung einer Tektonischen Karte der UdSSR stellt selbst bei einem so kleinen Maßstab von 1:5000000 eine starke Verallgemeinerung der Arbeiten vieler sowjetischer Geologen dar. Diese Karte umfaßt einen sehr großen und strukturell mannigfaltigen Teil Eurasiens und dient vor allen Dingen als Grundlage für alle theoretischen Schlußfolgerungen über die Gesetzmäßigkeiten der tektonischen Entwicklung. Werden auf dieser Karte die Stellung und die Wechselbeziehungen der Strukturen verschiedenen Alters und verschiedener Typen studiert, dann werden auch die Besonderheiten in den Bewegungen der verschiedenen Krustenteile verständlich.

Beim Betrachten der Karte kann eine Reihe von Schlußfolgerungen über den Bau und die Entstehung der wichtigsten tektonischen Strukturen gezogen werden. Es fällt die Gradlinigkeit vieler Grenzen zwischen strukturell verschiedenen Gebieten und die Eckigkeit ihrer Umrisse ins Auge, eine Tatsache, die von der großen Bedeutung der nicht immer an oberflächlichen Störungen direkt zu beobachtenden Tiefenbrüche im Bau der Erdkruste zeugt. Scharf treten auf der Karte die Unterschiede in der Geschichte der tektonischen Entwicklung des pazifischen und des atlantischen Teils der Erdoberfläche heraus. Diese wichtige Tatsache weist auf die Schwäche der Vorstellung von den universellen tektonischen Zyklen hin. Aus der Karte wird die Unzulänglichkeit einer Hypothese vollkommen offenkundig, nach der jede Tafel nacheinander von konzentrischen nach außen immer jüngeren Faltungssystemen umgeben wird; und doch wurde bis vor kurzem vorgeschlagen, auf Grund dieser Hypothese praktische Erkundungspläne auf Erdöl und andere Bodenschätze auszuarbeiten.

Aus der Betrachtung der Karte wird die lineare Anordnung der an Randzonen von Tafeln grenzenden Faltensysteme klar, ferner das Abschwächen und teilweise Verschwinden dieser Geradlinigkeit in den inneren Teilen der Geosynklinalgebiete. Eine Reihe interessanter Folgerungen drängt sich in bezug auf die tektonischen Gesetzmäßigkeiten des Magmatismus unterschiedlicher Zusammensetzung in den verschiedenaltrigen Faltungssystemen auf. Die Tektonische Karte der UdSSR kann als zuverlässige Grundlage für die Ausarbeitung vieler Fragen der theoretischen Tektonik dienen, die häufig ohne Rücksicht auf real in der Natur bestehende Erscheinungen und Beziehungen zu klären versucht wurden.

Gleichzeitig kann diese Karte schon jetzt eine praktische Bedeutung erlangen. Sie ist als Grundlage für die Aufstellung verschiedenartiger metallogenetischer Karten und Karten für die Prognose verschiedener Bodenschätze zu benutzen. Die Arbeitserfahrung aller mit der Zusammenstellung metallogenetischer Karten beschäftigter geologischer Institutionen zeigt, daß die Grundlage derartiger Karten Angaben über das Faltungsalter, Verteilung der verschiedenen Strukturstufen jeder Faltungszone, Lage der konkreten tektonischen Formen (Falten, Brüche) und schließlich über die strukturelle Stellung, Alter und Zusammensetzung der Intrusionen enthalten muß. Gerade diese Angaben bilden den Inhalt unserer Tektonischen Karte. Deshalb kann es nicht verwundern, daß die Tektonische Karte der UdSSR in der Ausgabe von 1952 bereits in den verschiedenen Institutionen für Versuche, die Gesetzmäßigkeiten in der Verteilung der verschiedenen Bodenschätze zu erfassen, in weitem Maße benutzt wird. Die neue Tektonische Karte ist in dieser Beziehung noch nutzbringender, da auf ihr die Intrusionen mit verschiedenem Alter und verschiedener Zusammensetzung angegeben sind.

Die praktische Bedeutung der Tektonischen Karte als Grundlage für metallogenetische Karten und Karten für die Prognose nutzbarer Bodenschätze wird zweifellos mit einer Vergrößerung ihres Maßstabes wachsen. Die an der vorliegenden Karte gewonnenen Arbeitserfahrungen zeigen, daß es für die Klärung vieler wichtiger theoretischer und praktischer Fragen unumgänglich und schon jetzt durchaus möglich ist, zur Schaffung großmaßstäbiger tektonischer Karten (nicht kleiner als 1:2 500 000) zunächst einzelner Gebiete der UdSSR und dann für das gesamte Territorium, überzugehen. Die Zusammenstellung dieser Karten erfordert die Weiterentwicklung jener Prinzipien tektonischer Analyse, die bei der Arbeit an der Karte im Maßstab 1:5 000 000 verwirklicht wurden.

Insbesondere wird es neben der Darstellung des Alters der Faltungsstrukturen und der Strukturstockwerke unbedingt notwendig sein, eine Klassifizierung der wichtigsten tektonischen Formen nach ihrem Entwicklungscharakter auszuarbeiten und auf der Karte darzustellen. Schon jetzt ist gut bekannt, daß selbst gleichaltrige geosynklinale Senkungsgebiete und geoantiklinale Hebungsgebiete sowie andere gleichgroße tektonische Formen sehr mannigfaltig sein können. Jede dieser strukturellen Kategorien wird in eine Reihe von Typen gegliedert, die sich durch eine allgemeine Morphologie, durch eine Reihe ihnen eigener Formationen, den Magmatismus, den Charakter kleiner Dislokationen und letzten Endes durch die Entwicklungsgeschichte und infolgedessen durch die Erzführung voneinander unterscheiden. Dabei können sich Strukturformen des gleichen Typs in verschiedenaltrigen Faltensystemen wiederholen.

Die gleichnamigen großen Strukturen der Tafelgebiete (Schilde, Anteklisen, Syneklisen) können anscheinend ebenfalls nach ihrer Entwicklungsgeschichte in Typen untergliedert werden.

Die Klärung der Gesetzmäßigkeiten in der Verteilung der tektonischen Formen verschiedener Typen in Raum und Zeit gestattet nicht nur viele bisher unklare Besonderheiten der tektonischen Entwicklung innerhalb der UdSSR aufzudecken, sondern auch eine zuverlässigere Grundlage für die Schaffung metallogenetischer Karten und Karten für die Prognose zum Aufsuchen nutzbarer Bodenschätze zu liefern.

Für die Schaffung neuer, detaillierterer tektonischer Karten der UdSSR ist es notwendig, auch eine Reihe anderer Probleme zu berücksichtigen, die für das richtige Verständnis des Baues und der Geschichte der tektonischen Entwicklung des Territoriums der UdSSR eine große Bedeutung besitzen.

1. Es muß die Darstellung des Charakters und der Intensität der jüngsten und rezenten Bewegungen auf der Karte hervorgehoben werden, da sie für die Reliefbildung gewaltige Bedeutung besitzen, und auch die Seismizität des Territoriums der UdSSR bestimmen. Bekanntlich ist dieser Bewegungsplan nicht vom Faltungsalter dieses oder jenes Gebietes direkt abhängig und konnte deshalb in den Erläuterungen zur vorliegenden Karte auch nicht zum Ausdruck gebracht werden.

2. Es müssen die vorhandenen Angaben über die Besonderheiten des Tiefbaues des gefalteten Tafelfundamentes eingehend analysiert werden und es sollte versucht werden, die im Tiefbau vorhandenen Strukturen sowie die Linien der abgesunkenen Brüche usw. darzustellen, wobei das Material der verschiedenen geophysikalischen Arbeiten weitgehend heranzuziehen ist.

3. Es ist die Ausarbeitung einer rationellen Gliederung aller Bruchstörungen anzustreben, eine Aufgabe, die für die Klärung der Gesetzmäßigkeiten in der Verteilung nutzbarer Bodenschätze wesentliche Bedeutung erlangt.

4. Auf den neuen tektonischen Karten müssen die Forschungsergebnisse der Tektonik der an das Territorium der UdSSR anschließenden Meeres- und Ozeanböden berücksichtigt werden. Insbesondere ist es für ein richtiges Verständnis der Beziehung zwischen dem polaren Ural und der Halbinsel Taimyr sehr wichtig, den Aufbau des Bodens der Kara-See zu untersuchen. Weiter ist es für eine richtige tektonische Darstellung der Nordküste Sibiriens notwendig, die strukturelle Natur des submarinen Lomonossow-Gebirges zu erkennen, das von den sowjetischen driftenden Polarstationen entdeckt und kartiert wurde. Für die Lösung der Probleme Sachalins muß das geologische und geophysikalische Material zur Geologie des Ochotskischen Meeres herangezogen werden, das als Ergebnis der von der Akademie der Wissenschaften der UdSSR auf dem Schiff „Witjas" durchgeführten ozeanographischen Forschungen gewonnen wurde. Die Entdeckung großer submariner Nord-Süd streichender Gebirgskämme auf dem Grund der Südkaspi-Senke verändert wesentlich unsere Vorstellungen von der tektonischen Natur nicht nur dieses Gebietes, sondern auch der angrenzenden Festlandsräume. All das spricht dafür, daß die tektonische Analyse des Meeres- und Ozeanbodens integrierender Teil der Arbeiten zur Erforschung und kartenmäßigen Darstellung der Tektonik der UdSSR sein muß.

Es ist jedoch daran zu erinnern, daß für die Klärung der allgemeinen Gesetzmäßigkeiten im Bau und in der Entwicklung der Erdkruste das Territorium der UdSSR trotz seiner Größe in einer Reihe von Fällen nicht ausreichend sein wird. Es bestehen zahlreiche Fragen, die nur mit Hilfe einer Analyse des Beobachtungsmaterials der gesamten Welt gelöst werden können.

Deshalb sollten wir außer der Schaffung großmaßstäbiger tektonischer Karten einzelner Gebiete der UdSSR die Zusammenstellung kleinmaßstäbiger, aber möglichst große Territorien umfassender tektonischer Karten anstreben. Heute existieren außer der „Tektonischen Karte der UdSSR und der angrenzenden Länder" nach anderen Prinzipien entworfene tektonische Karten der USA, Kanadas,

Afrikas u. a. Auf dem 20. Internationalen Geologenkongreß 1956 in Mexiko wurde eine Entschließung über die Schaffung einer tektonischen Weltkarte im Maßstab 1:10 000 000 angenommen. Der Sowjetunion wurde die Leitung der Arbeit an dieser Karte übertragen. Angesichts dieser Aufgabe muß es unsere vordringliche Arbeit sein, eine tektonische Karte Eurasiens herauszugeben und am Material dieser beiden Kontinente die Möglichkeit einer Weiterentwicklung jener Prinzipien zu überprüfen, die der Tektonischen Karte der UdSSR zugrunde lagen.

NACHWORT ZUR ÜBERSETZUNG UND WISSENSCHAFTLICHEN REDAKTION

Die Transkription aller Namen in russischer Sprache wurde einheitlich nach der durch die Hauptabteilung Unterricht und Erziehung des Ministeriums für Volksbildung der Deutschen Demokratischen Republik am 13. 1. 1950 bestätigten Tabelle durchgeführt.

Die wissenschaftliche Redaktion erfolgte unter dem Gesichtspunkt, möglichst wenig Veränderungen an dem übersetzten Originaltext vorzunehmen. Ungewollte sachliche Änderungen sollen dadurch möglichst vermieden werden.

Das Inhaltsverzeichnis wurde an Hand des Textes ergänzt, um den Überblick beim Lesen des Heftes zu erleichtern. Neu hinzugekommen ist das Verzeichnis der Strukturnamen im Anhang, welches als Nachschlagregister gedacht ist. Die beiliegende Tektonische Übersichtskarte wurde gegenüber der Originalvorlage etwas vergrößert, um ihre Lesbarkeit zu erleichtern. Dies geschah vor allem auch deshalb, weil den meisten Lesern dieses Heftes die „Tektonische Karte der UdSSR und der angrenzenden Länder“ i.M. 1:5000000 nicht sofort zur Verfügung stehen wird. Die Namen der in der beigegebenen Übersichtskarte verzeichneten geologischen Strukturen sind im Text durch Halbfettdruck hervorgehoben, die entsprechende Ziffer auf der Karte ist in Klammern hinzugefügt.

Anmerkungen der wissenschaftlichen Redaktion (Anm. d. wiss. Red.) wurden in Fußnoten nur bei Begriffen eingefügt, die in der deutschen Literatur nicht allgemein gebräuchlich sind und die im Text auch nicht erläutert werden. Um die Originalbedeutung zu wahren, fand zur Definition der Fachausdrücke das 1955 in Moskau beim Staatlichen Wissenschaftlich-technischen Verlag für Literatur der Geologie und Bodenschätze erschienene Wörterbuch Verwendung.

Der Übersetzer:
HANS-JÜRGEN TESCHKE
Diplomgeologe

Der wissenschaftliche Redakteur:
DR. GÜNTER MÖBUS
Diplomgeologe

Geotektonisches Institut der Deutschen
Akademie der Wissenschaften zu Berlin
Berlin W 8, Otto-Nuschke-Straße 22—23

VERZEICHNIS DER STRUKTURNAMEN

Seitenangaben in Halbfettdruck sind bei den im Text besonders hervorgehobenen Strukturnamen zu finden, die auf der beiliegenden „Tektonischen Übersichtskarte der UdSSR“ verzeichnet sind.

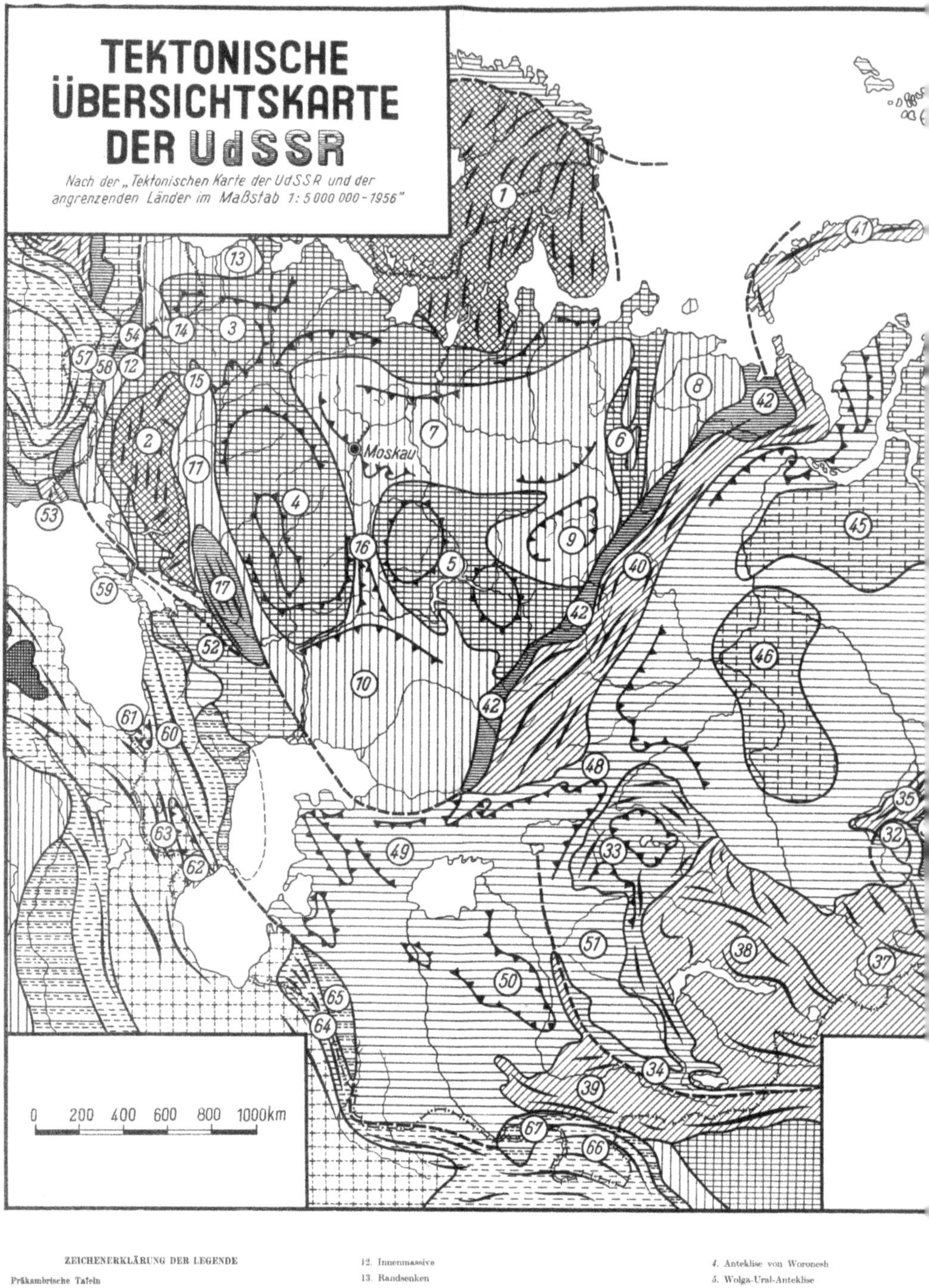

ZEICHENERKLÄRUNG DER LEGENDE

Präkambrische Tafeln

1. Ausstriche des aus archäischen und proterozoischen Faltenkomplexen aufgebauten Fundamentes (Schilde)
2. Ausstrich des aus dem baikalischen Faltenkomplex zusammengesetzten Fundamentes
3. Angara-Lena-Randsenke
4. Gebiete mit oberflächennahem Fundament (unter der Oberfläche liegende Flanken von Schilden und Anteklisen)
5. Gebiete mit tiefliegendem Fundament (Syneklisen)

Paläozoische Faltungsgebiete

6. Gebiete mit oberflächennahem kaledonischen Faltenkomplex sowie Zonen früher Konsolidierung in den variscischen Faltungsgebieten
7. Gebiete mit oberflächennahem variscischem Faltenkomplex
8. Randsenken der variscischen Faltung
9. Gebiete mit relativ oberflächennahem paläozoischen Fundament innerhalb von Platten im Bereich epivariscischer Tafeln
10. Gebiete mit tiefliegendem paläozoischem Fundament innerhalb von Platten im Bereich epivariscischer Tafeln (Syneklisen und Senken)

Mesozoische Faltungsgebiete

11. Gebiete mit oberflächennahen gefalteten Gesteinen
12. Innenmassive
13. Randsenken

Känozoische Faltungsgebiete der Tethys

14. Zone der äußeren Antiklinorien
15. Zone der inneren Antiklinorien und Senken
16. Innenmassive
17. Randsenken

Känozoische Faltungsgebiete des Pazifischen Gürtels

18. Gebiete mit oberflächennahen gefalteten Gesteinen
19. Vulkanogener Komplex des Randgürtels

Strukturelle Bezeichnungen

20. Grenzen geosynklinaler Faltung verschiedener tektonischer Perioden
21. Streichen der Faltenstrukturen
22. Antiklinalsysteme und Antiklinorien
23. Umrisse der Innensenken, Syneklisen und Anteklisen

ERKLÄRUNGEN DER ZIFFERN AUF DER KARTE

Russische Tafel

1. Baltischer Schild
2. Ukrainischer Schild
3. Belorussische Anteklise
4. Anteklise von Woronesh
5. Wolga-Ural-Anteklise
6. Timan-Hebungsgebiet
7. Moskauer Syneklise
8. Petschora-Syneklise
9. Glasow-Syneklise
10. Prikaspi-Syneklise
11. Ukrainische Syneklise
12. Polnisch-Litauische Syneklise
13. Baltische Syneklise
14. Brester Senke
15. Pripjat-Senke
16. Patschelma-Senke
17. Donez-Becken

Sibirische Tafel

18. Aldan-Schild
19. Baikal-Faltungszone und Jablonoi-Stanowoi-An
20. Angara-Lena-Randsenke
21. Anabar-Massiv
22. Jenissei-Hebungsgebiet
23. Turuchan-Hebungsgebiet
24. Nordzone des Ost-Sajans
25. Tunguska-Syneklise

Grundzüge des tektonischen Baues der Sowjetunion
Herausgegeben vom Geotektonischen Institut der DAdW zu Berlin

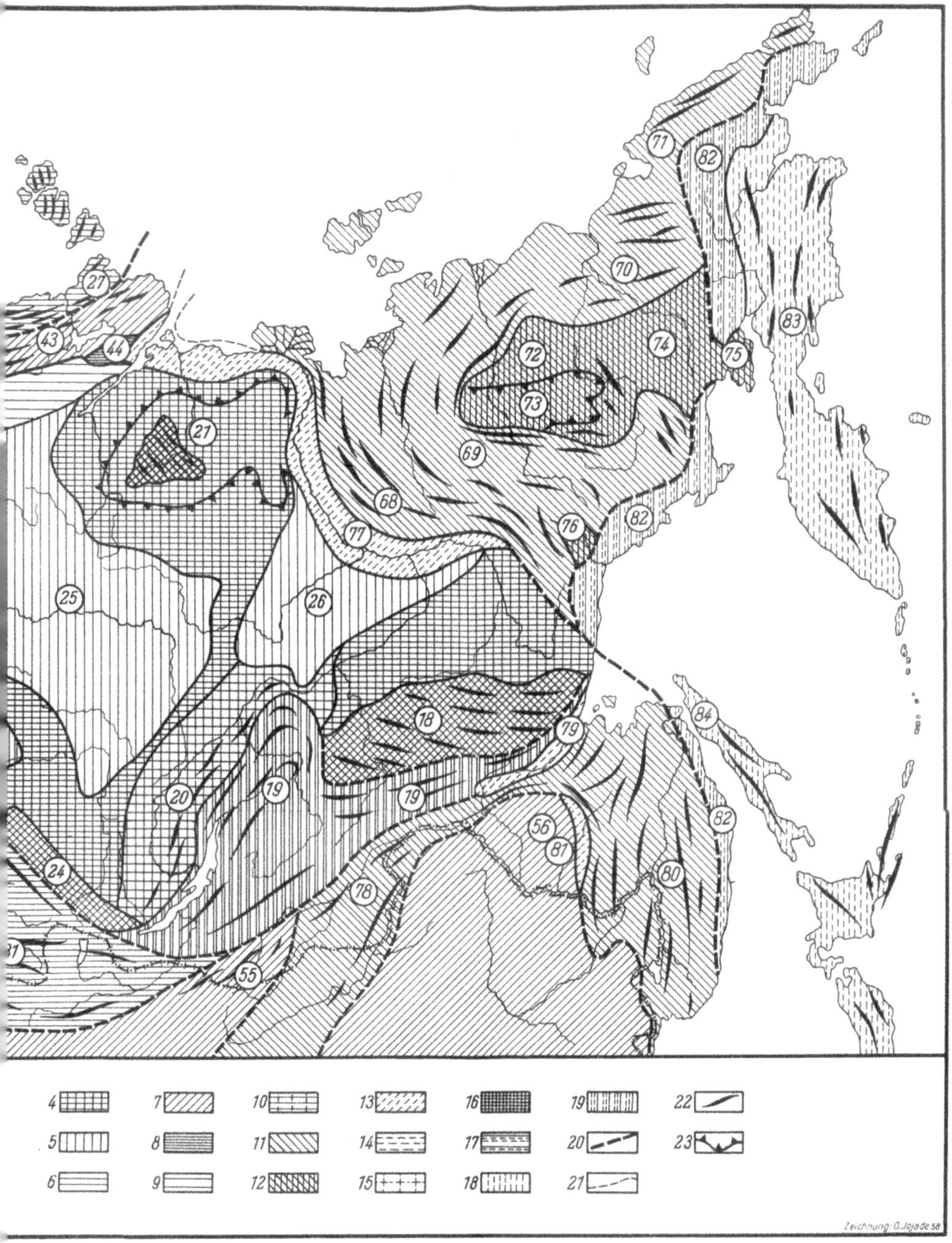

. Wiljui-Syneklise

…te mit paläozoischer Faltung in der UdSSR

. Nördliche Zone der Halbinsel Taimyr und Nowaja-Semlja
. Ost-Sajan
. West-Sajan
. Kusnezker Alatau
Tannu-ola
. Salair
. Westliche Zone Zentralkasachstans
Nördliche Zone des Tjan-Schans
. Tomsk-Kolywan-Faltenzone
. Kusnezk-Senke
. Altai
. Östliche Zone Zentralkasachstans
. Südliche Zone des Tjan-Schans
. Ural
. Nowaja Semlja
. Vorural-Randsenke
. Südliche Zone der Halbinsel Taimyr
. Chatangs-Senke

…sibirische Platte

Ob-Tas-Syneklise

46. Irtysch-Syneklise
47. Kas-Senke
48. Turgai-Senke

Turan-Platte

49. Nord-Ustjurt-Senke
50. Nord-Kysylkum-Syneklise
51. Tschu-Senke

Epivariscische Tafel im Süden des europäischen Teils der UdSSR

52. abgetauchte Variscoiden des nördlichen Vorkaukasus und der Krim
53. Dubrudsha-Hebungsgebiet
54. Weichsel-Senke

Variscische Faltenzone im Transbaikal- und Amurgebiet

55. Satschikoisker Taiga
56. Amur-Gebiet und Bureja-Massiv

Gebiete mit alpider Faltung im Süden der UdSSR

57. Karpaten-Antiklinorium
58. Vorkarpaten-Randsenke
59. Krim-Antiklinorium
60. Megantiklinorium des Großen Kaukasus
61. Rion-Senke
62. Kura-Senke
63. Antiklinorium des Kleinen Kaukasus
64. Kopet-Dag-Faltensystem
65. Vorkopet-Dag-Randsenke
66. Pamir-Antiklinorium
67. Vorpamir-Senke

Gebiete mit mesozoischer Faltung im Osten der UdSSR

68. Werchojansker-Faltungszone
69. Jana-Synklinalzone
70. Oloi-Senke
71. Anjui- und Tschuktschen-Antiklinorium
72. Kolyma-Massiv
73. Syrjanka-Senke
74. Omolon-Massiv
75. Taigonos-Massiv
76. Ochotskisches Innenmassiv
77. Vorwerchojansker-Randsenke
78. Osttransbaikal-Priamur-Faltungsgebiet
79. Oberseja-Uda-Senke
80. Sichote-Alin-Faltungszone
81. Bureja-Senke

Gebiete mit känozoischer Faltung im pazifischen Gürtel

82. Vulkanische Randzone
83. Korjak-Kamtschatka-Faltungszone
84. Sachalin

Erschienen im Akademie-Verlag – MDI der DDR Nr. 4120
Herstellung und Druck: VEB Druckerei „Thomas Müntzer“ Bad Langensalza

www.ingramcontent.com/pod-product-compliance
Lightning Source LLC
LaVergne TN
LVHW060620300926
849162LV00008B/1666